Patrizia Mulinacci

Tecnologie elettriche ed elettroniche

VOL. 1

ISBN **978-0-244-21398-5**

Indice del volume

1

TENSIONE, CORRENTE E RESISTENZA

Indice del modulo

IL CIRCUITO ELETTRICO

La tensione, che si misura in Volt (V), è la causa che produce la circolazione di elettroni attraverso un conduttore.
Pile, batterie ed alimentatori sono generatori ovvero sorgenti di tensione.
La corrente è la velocità del moto di queste cariche e si misura in Ampere (A). La resistenza, che si misura in Ohm (Ω) è l'ostacolo complessivo che gli elettroni incontrano nel loro movimento ed è determinata dai componenti presenti nel circuito come lampade, fornelli elettrici o motori; anche il filo di rame che collega la sorgente di tensione ai componenti del circuito ha una sua resistenza che aumenta se lo allunghiamo o lo assottigliamo. Il filo di rame (o cavo se il filo viene rivestito da pvc o altro isolante protettivo) ha in ogni caso una resistenza molto bassa e rappresenta il conduttore principale perchè consente il passaggio delle cariche; negli schemi elettrici il tratto di linea indica l'esistenza di un conduttore come il rame e più in generale la *continuità elettrica*.
Affinché un circuito funzioni occorre che:

- sia completo cioè chiuso. Possiamo controllare ciò seguendo con un dito il filo di rame che esce dal polo positivo della batteria: esso deve collegare i componenti elettrici e tornare al polo negativo della batteria.

- sia privo di cortocircuiti cioè "vie facili" per gli elettroni per passare in modo diretto dal polo positivo a quello negativo della batteria senza attraversare alcun componente.

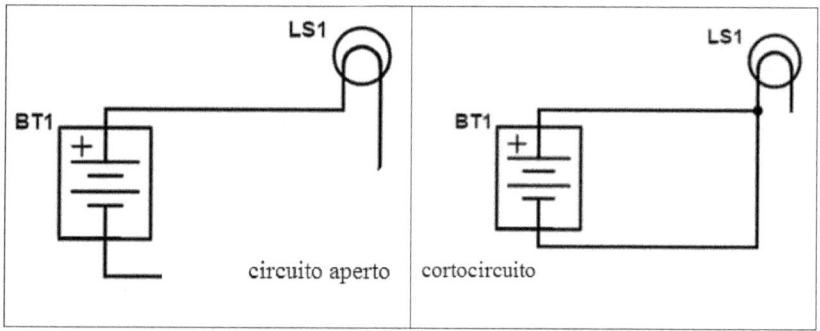

circuito aperto | cortocircuito

Esercizio 1
Con un tratto di penna completa il circuito aperto della figura soprastante.

GENERATORI DI TENSIONE IN SERIE

Se colleghiamo il polo positivo (indicato con +) di una pila da 1,5 V (avete presente le stilo?) al polo – di un'altra otterremo un generatore di tensione da 3 V.

Questo perchè generatori di tensione collegati in serie forniscono una *tensione equivalente pari alla somma delle tensioni dei singoli generatori.*

Il collegamento in serie è ciò che sin da bambini abbiamo fatto sostituendo più pile nelle torce portatili o in altri apparecchi elettrici.

Esercizio 2

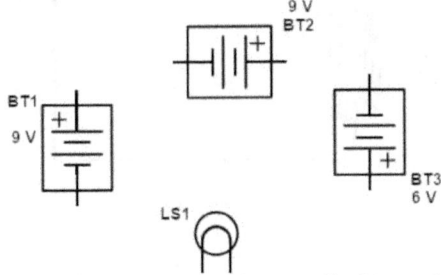

Collega le diverse batterie in serie tra loro e alla lampada. Quanto vale la tensione equivalente?

Esercizio 3

Osserva i pannelli fotovoltaici riprodotti alla pagina seguente.
Come sono collegati tra loro?
Quale tensione sarà presente tra i punti + e - ?

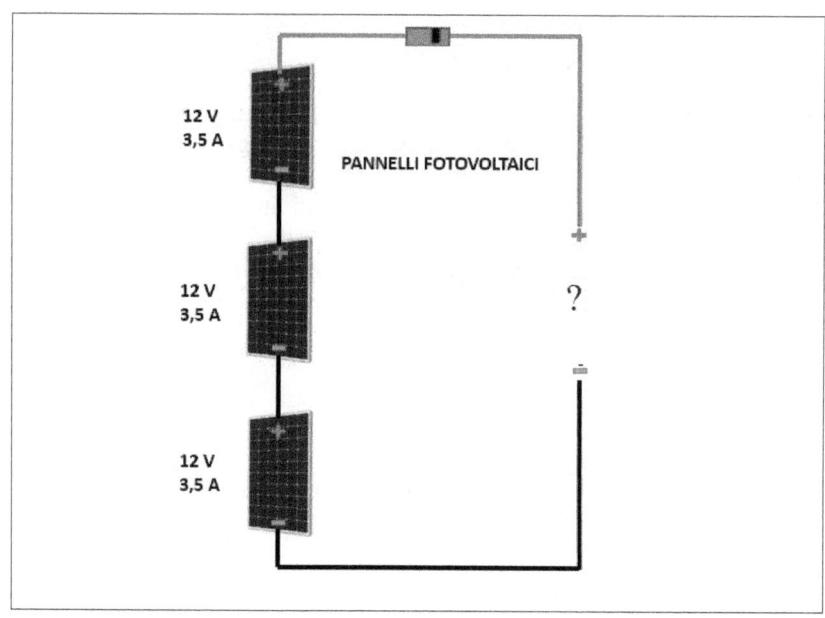

12 V
3,5 A

PANNELLI FOTOVOLTAICI

12 V
3,5 A

?

12 V
3,5 A

Esercizio 4

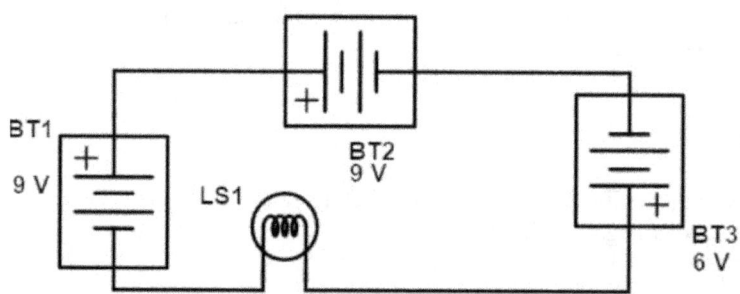

Nel circuito soprastante la lampada non si accende. La sua tensione nominale è 24 V. Sapresti individuare il problema?
Ridisegna il circuito con il collegamento corretto.

Esercizio 5
La tabella riproduce alcuni dei simboli più comuni nei circuiti elettrici.
Molti li conoscerai già. Prova a riconoscerli collegando con una freccia un
simbolo della I colonna con il nome del componente nella II colonna.

simbolo	descrizione
	lampada
	interruttore chiuso
	interruttore aperto
	resistore
	batteria
	amperometro
	potenziometro

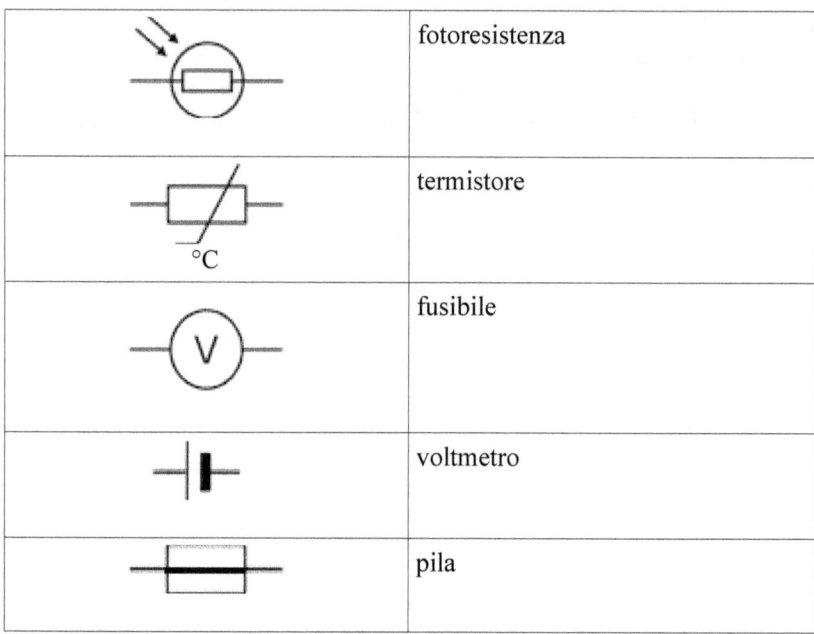	fotoresistenza
	termistore
	fusibile
	voltmetro
	pila

Esercizio 6

Disegna lo schema elettrico che mostri una lampada alimentata da da 4 pile in serie da 1,5 V ciascuna.
Successivamente completa lo schema di montaggio disegnando i cavi mancanti.

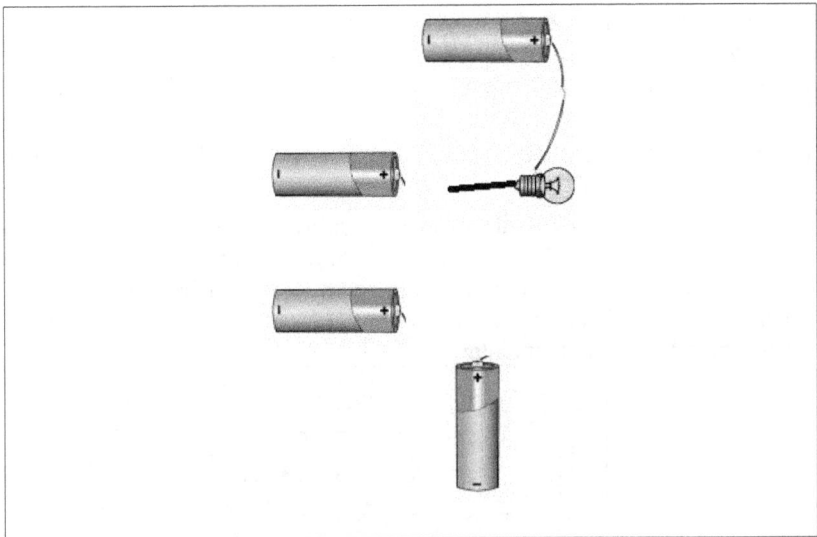

Esercizio 7

Osserva i quattro circuiti sottostanti. In quali la lampada rimarrà spenta anche chiudendo l'interruttore? Sapresti spiegare il perché?

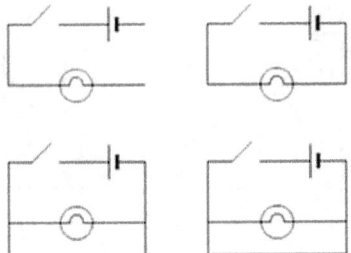

MISURARE

Tensione, corrente e resistenza possono essere misurate con uno strumento digitale: il multimetro. Ne esistono di due tipologie:
autorange: sul display compaiono misura e unità di misura semplicemente portando il selettore manuale su Ohm, Volt, Ampere per accertare

rispettivamente resistenza, tensione o corrente.

a selezione di portata: in questo caso dobbiamo essere più bravi perchè dobbiamo saper valutare la portata dello strumento in Ohm, Volt, Ampere.

In particolare procediamo così:

- il puntale *nero* deve essere inserito sempre nell'alloggiamento con indicazione COM.

- il puntale *rosso* deve essere inserito nell'alloggiamento con indicazione V/Ω per la tensione o la resistenza o, in alternativa, in uno degli alloggiamenti con indicazione A per la corrente.

Vediamo come si effettuano specificamente le misurazioni delle tre grandezze elettriche fondamentali.

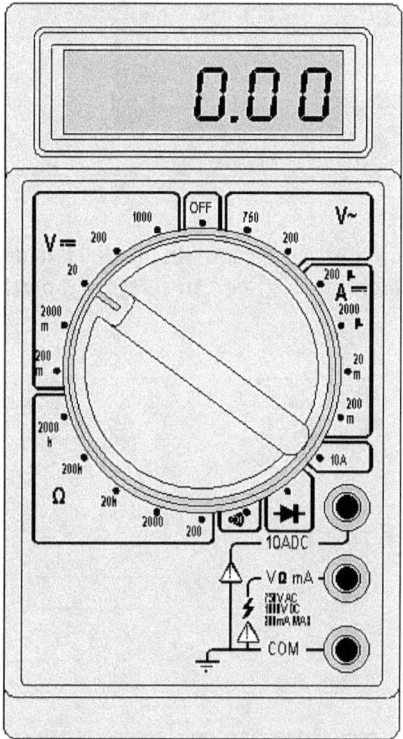

MISURARE LA TENSIONE

L'immagine mostra il multimetro in cui dobbiamo selezionare la portata tra quelle disponibili vicino al siimbolo V− che indica la tensione continua.

Portate disponibili:

200m, 2000m, 20, 200 e 1000.
L'unità di misura è sottintesa ed è il Volt.
Se non conosciamo affatto, neanche approssimativamente, la tensione che dobbiamo misurare selezioniamo la portata minima. *Se sullo strumento compare l'indicazione OL ovvero overload significa che dobbiamo aumentare la portata poiché questa dever essere superiore al valore da misurare.*
Il numero che compare sul display va accompagnato da mV o da V a seconda che la portata selezionata sia accompagnata a meno dalla m (che sta per milli).
Se sul display compare come simbolo iniziale il punto significa che la lettura delle cifre sul display va preceduta da 0.
Quindi se leggiamo con portata 2 V, *.7* ciò corrisponderà a 0,7 V.

Il multimetro va inserito *in parallelo* rispetto al componente di cui vogliamo accertare la tensione.

Esempio
Il display del multimetro a selezione di portata indicherà la tensione ai capi della lampada LS1 se i suoi puntali saranno stati posti a contatto con i due fili della lampada.

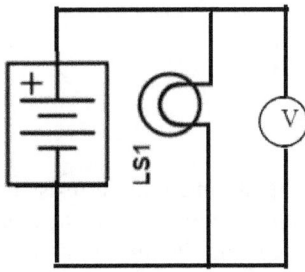

Domande
Osserva la figura alla pagina seguente. Dobbiamo misurare la tensione ai capi del resistore.

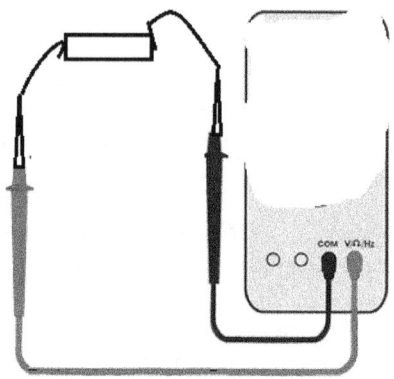

Abbiamo selezionato la portata 2000 mV e sul display compare l'indicazione OL. Come interpreti questo dato?

Quale azione compierai per misurare?

Sul display con portata selezionata 20 V compare l'indicazione 17.2; come interpreti questo dato?

MISURARE LA RESISTENZA

E' importante ricordare che per misurare la resistenza di un componente ad esempio una lampada occorre mantenere *distaccata* l'alimentazione come nel circuito alla pagina seguente in cui è mostrata l'inserzione in parallelo dello strumento. Il multimetro utilizzato per misurare la resistenza diventa un *ohmetro* parola che deriva da Ohm che è l'unità di misura della resistenza.

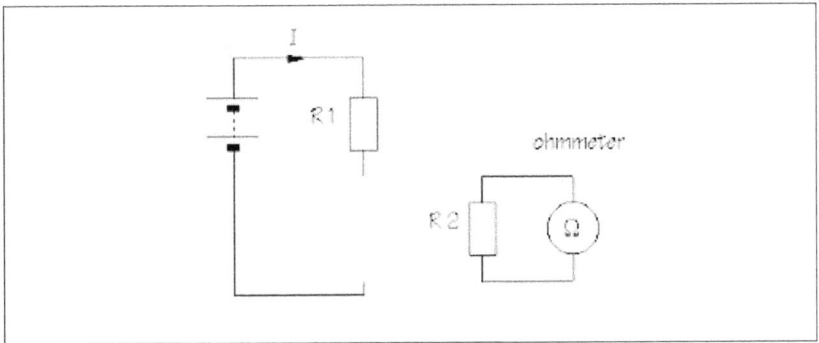

Le portate disponibili sono: 200, 2k, 20k, 2M, 20 M.
L'unità di misura che deve accompagnare il numero mostarato sul display è Ohm se la portata selezionata è 200.
Nello scegliere la portata occorre iniziare da quella inferiore ed eventualmente aumentarla se sul display compare l'indicazione OL.

Esercizio 8

Ho selezionato la portata 2M e sul display compare l'indicazione .498; quanto vale la misura di resistenza?

Ho selezionato la portata 20k e sul display compare l'indicazione 12.3; quanto vale la misura di resistenza?

MISURARE LA CORRENTE

E' certamente la misura più complicata perchè il multimetro va inserito in serie al circuito alimentato. Occorre spostare il puntale rosso in un alloggiamento con indicazione A; alcuni strumenti hanno due alloggiamenti corrispondenti alle distinte portate 100 mA e 10 A.

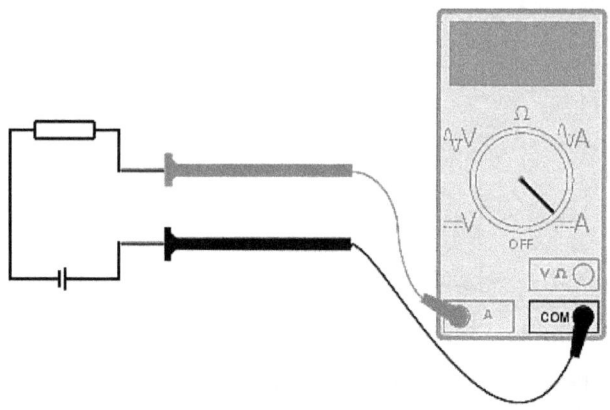

Esercizio 9

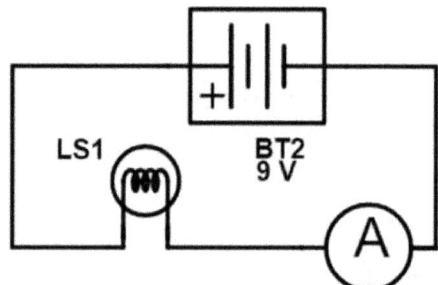

Realizza il circuito soprastante dopo esserti procurato una piccola lampadina a incandescenza. Quanto vale la corrente circolante?

Esercizio 10
Cruciverba: le parole da indovinare appartengono tutte al settore elettrico-elettronico.

14

Across

1. sovracorrente pericolosa
2. materiale conduttore molto comune
3. lo sono II + e il - della batteria

Down

1. ti segnala che devi aumentare la portata
2. la misura il voltmetro
3. accompagna le misura di corrente
4. nome comune della pila AA
5. si muovono se c'è corrente
6. lo strumento dell'elettricista
7. lo è blocca se blocca la corrente
8. lo usa l'elettricista per fare i collegamenti

Bibliografia e fonti delle immagini
https://learn.sparkfun.com/tutorials/voltage-current-resistance-and-ohms-law#electricity-basics
http://www.bbc.co.uk/schools/gcsebitesize/science/edexcel_pre_2011/electricityintheory/voltagecurrentresistancerev1.shtml
http://avstop.com/ac/apgeneral/basiccircuit2.html

15

RESISTORI

Indice del modulo

RESISTENZA

Si misura in Ohm (Ω) e rappresenta l'ostacolo che in un materiale o in un componente elettrico, in un corpo ,in definitiva, in un qualunque *percorso*, viene opposto al passaggio degli elettroni. Siccome la *velocità* degli elettroni rappresenta la corrente (unità di misura Ampere, simbolo A) possiamo affermare che la resistenza limita la corrente. In altre parole una grande resistenza produce una corrente piccola mentre una piccola resistenza consente la circolazione di una corrente elevata.

Facciamo un esempio. Quando parliamo di cortocircuito ci riferiamo ad un guasto dovuto al fatto che abbiamo posto a contatto due conduttori a potenziale diverso *direttamente* ovvero senza l'interposizione di una resistenza. Se nelle nostre case, nel sostituire una presa ad esempio, non siamo avveduti (oltre che esperti!) nel maneggiare i diversi cavi e *neutro e fase vengono direttamente a contatto con l'impianto in tensione*, allora provocheremo un pericoloso cortocircuito i cui danni saranno, speriamo vivamente, limitati dall'intervento dei nostri interruttori automatici magnetotermici. In realtà anche in caso di cortocircuito la resistenza non è esattamente 0 Ohm ma quasi in quanto il rame stesso contenuto nei cavi oppone un piccolo ostacolo al passaggio di corrente; tuttavia questo non è certo sufficiente a contenere la corrente entro i limiti soppostabili dal nostro impianto elettrico.

Quando dobbiamo aumentare la resistenza totale di un circuito vi introduciamo uno o più componenti elettrici realizzati appositamente per offrire un preciso valore ohmico di resistenza. Essi sono detti *resistori* o, più comunemente resistenze.

RESISTORI

Nello schema elettrico i resistori vengono rappresentati o con una specie di serpentina o con un rettangolo. Vengono identificati con la R maiuscola seguita eventualmente da numeri se ve ne sono diverse. Per esempio R1, R2, R3,...........

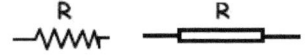

IL CODICE COLORI

E' adottato per i resistori a film metallico o a ossido di metallo.

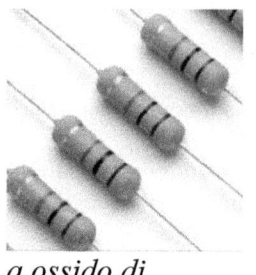

a ossido di metallo

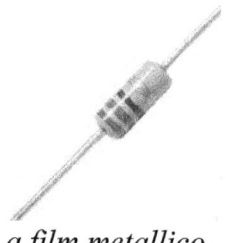

a film metallico

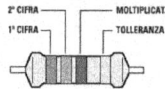

L'IEC (International Electrotechnical Commission) nella pubblicazione IEC 60062 (meglio nota come IEC 62) espone il codice colori ovvero una convenzione per indicare il valore ohmico sul corpo del resistore. Questa modalità "pittorica" è assai preferibile ad una numerica nel caso di componenti il cui costo è dell'ordine del centesimo di euro.

colore	1° anello	2° anello	3° anello	4° anello
....	1° cifra	2° cifra	moltiplicatore	tolleranza
nero	.	0	x1	-
marrone	1	1	x10	-
rosso	2	2	x100	2%
arancio	3	3	x1000 (1KΩ)	-
giallo	4	4	x10000 (10KΩ)	-
verde	5	5	x100000 (100KΩ)	-
blu	6	6	x1000000 (1MΩ)	-
viola	7	7	x10000000 (10MΩ)	-
grigio	8	8	x100000000	-
bianco	9	9	-	-
oro	-	-	:10	5%
argento	-	-	:100	10%

Facciamo un esempio. Osservo quattro anelli colorati . Ti faccio notare che mentre i primi tre anelli sono ravvicinati, il quarto è un pò distanziato dai primi tre. Quest'ultimo dovrà trovarsi, rispetto a me che osservo il resistore, a destra e rappresenterà la tolleranza. Torniamo al nostro esempio.
Ecco nell'ordine i quattro colori:
rosso, rosso, nero, oro che corrisponderà a 22 x 1 = 22 Ohm al 5%

marrone, nero, arancio, oro che corrisponderà a 10 x 1000 = 10000 Ohm al 5%

Ora approfondiamo la questione della tolleranza percentuale. Cosa significa ad esempio disporre di un resistore da 10.000 Ohm al 5%.? Ebbene in questo caso il costruttore mi informa sul fatto che il componente da lui realizzato ha:
valore nominale cioè teorico: 10.000 Ohm
valore effettivo compreso tra i due limiti:
  minimo = valore nominale·(1 – tolleranza) = 10.000·(1 – 5%) = 9500 Ohm
  massimo = valore nominale·(1+tolleranza) = 10500 Ohm

La tolleranza è dunque l'indicazione di un errore o meglio il massimo errore che il costruttore può avere compiuto con le tecnologie e le scelte da lui adottate. E' dunque evidente che se per noi tale errore non è accettabile dovremo scegliere un resistore con una tolleranza inferiore, l' 1% ad esempio, spendendo ovviamente di più.

Esercizio 1

Completa l'ultima colonna della tabella con il valore in Ohm e la tolleranza.

I anello	II anello	III anello	IV anello	valore in Ohm
marrone	verde	rosso	argento	
marrone	grigio	marrone	oro	
arancio	arancio	rosso	oro	
giallo	viola	nero	argento	
marrone	marrone	marrone	oro	

Esercizio 2

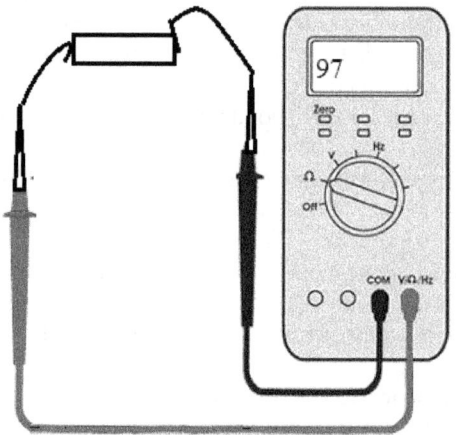

Nella figura soprastante vogliamo misurare con il multimetro il valore ohmico di un resistore dai colori marrone, nero, marrone, oro. Il display mostra il valore 97. Tale valore rientra nella tolleranza indicata dal costruttore? Giustifica la tua risposta.

20

Esercizio 3

Prendi il multimetro in modalità ohmmetro e misura la resistenza di quattro resistori R1, R2, R3, R4 che ti avrà consegnato l'insegnante. Compila la tabella che ti guiderà nel confronto tra valori teorici e valori reali.

resistore	colore 1° fascia	colore 2° fascia	colore 3° fascia	colore 4° fascia	valore nominale e tolleranza	valore misurato	Il valore misurato rispetta la tolleranza (S/N)
R1							
R2							
R3							
R4							

Esercizio 4

Ho bisogno di cinque resistori con tolleranza 5% con determinati valori ohmici. Scrivi i quattro colori che ogni resistore dovrà possedere:

12 Ohm:...................,...................,...................,...................
470 Ohm:...................,...................,...................,...................
9100 Ohm:...................,...................,...................,...................
10000 Ohm:...................,...................,...................,...................
68000 Ohm:...................,...................,...................,...................

Esercizio 5

Spesso il valore di una resistenza è espressa in KiloOhm ovvero abbreviando kOhm oppure kΩ. Ricordati sempre che un numero espresso in kOhm corrisponde allo stesso numero moltiplicato per 1000 espresso in Ohm. *Esempio 2 kOhm = 2 x 1000 Ohm = 2000 Ohm*
Ora tocca a te!
Converti le seguenti misure:

1 kOhm =.......................Ohm

3 kOhm   =.............................Ohm

1,5 kOhm =.............................Ohm

6,8 kOhm =.............................Ohm

12 kOhm =.............................Ohm

0,1 kOhm =.............................Ohm

0,004 kOhm =..........................Ohm

Esercizio 6

Ricordati sempre che un numero espresso in Ohm corrisponde allo stesso
numero diviso per 1000 espresso in kOhm.
Esempio 200 Ohm = 200 : 1000 kOhm = 0,2 kOhm
Ora tocca a te!
Converti le seguenti misure:

100 Ohm =..............................kOhm

400 Ohm =............................ kOhm

1800 Ohm =.............................kOhm

6800 Ohm =............................kOhm

8 Ohm =.................................kOhm

0,1 Ohm = …...........................kOhm

Esercizio 7

Scrivi il codice a 4 colori per le seguenti 3 resistenze con tolleranza 2%.
Stai attento perchè prima di pensare ai colori devi trasformarle in Ohm!
11 kOhm:.....................,.................................,........................,..........................
6,8 kOhm:.....................,.................................,........................,..........................
63 kOhm:.....................,.................................,........................,..........................
630 kOhm:.....................,.................................,........................,..........................

VALORI NORMALIZZATI

In accordo con le norme IEC sono state fissate delle serie normalizzate di valori compresi tra 1 e 10.Tutti gli altri valori sono multipli o sottomultipli di 10. Questo significa che se per il mio circuito ho necessità di un resistore da 12.345 Ohm non riuscirò a reperirlo in commercio mentre troverò senza alcuna difficoltà 12000 Ohm e 15000 Ohm perchè questi due valori compaiono in tutte le serie normalizzate a partire dalla E12.

La serie E6 ha 6 valori, la E12 ha 12 valori e così via. Le serie da E6 a E24 sono utilizzate per resistenze di bassa e media precisione 20%, 10% e 5%. La serie E94 viene utilizzata per resistenze di precisione 2%, 1%, 0,5%, 0,25%, 0,1%.

E6	E12	E24
10	10	10
		11
	12	12
		13
15	15	15
		16
	18	18
		20
22	22	22
		24
	27	27
		30
33	33	33
		36
	39	39
		43
47	47	47
		51
	56	56
		62
68	68	68
		75
	82	82
		91

Esercizio 8

Osserva i dati della tabella alla pagina precedente e scrivi i valori della serie E12 a partire da 1kOhm. Indicane anche i colori completando la tabella.

I anello	II anello	III anello	IV anello	valore in Ohm
marrone	nero	rosso	oro	1000 Ohm 5%

Calcola i valori nominale, minimo e massimo di una resistenza con i colori marrone, rosso, arancio, argento.

POTENZA DISSIPABILE

Potenza in W	Diametro in mm	Lunghezza mm
1/8	1,6	4,1
1/4	2,5	6,7
1/3	2,5	7,5
1/2	3,7	10
1	5,2	8

Osserviamo la tabella riportata qui sopra. Nella scelta di un resistore è importantissimo selezionare il componente che sia in grado di dissipare una potenza in Watt superiore a quella richiesta dal circuito in cui verrà inserito.

Dunque il valore ohmico non è solo ciò che conta in un resistore. E' evidente che al crescere della potenza dissipabile dal componente aumenta il suo ingombro cioè il suo diametro e la sua lunghezza. Tuttavia occorre calcolare e scegliere attentamente il resistore con sufficiente potenza dissipabile altrimenti una volta realizzato il circuito esso si danneggerà immediatamente oppure, in maniera assai più subdola e pericolosa, dopo qualche tempo.

Ma come si calcola la potenza richiesta dal circuito?

In continua cioè quando alimentiamo circuiti con tensioni di valore sempre fisso nel tempo (usando ad esempio delle batterie) la potenza P (in Watt) è data dal prodotto della tensione U (in Volt) per la corrente I (in Ampere). In formule:

$$P = U \cdot I$$

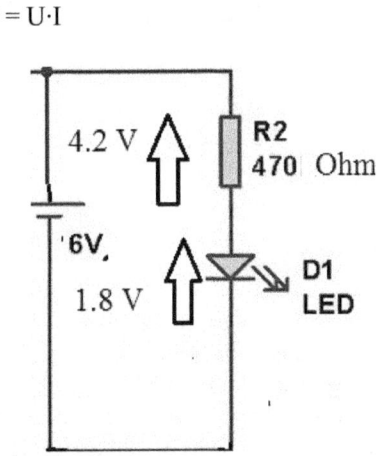

Osserviamo nel circuito soprastante una pila da 6 V collegata ad un resistore da 470 Ohm e ad un led (*light emitting diode* ovvero un diodo che emette luce quando alimentato). Sappiamo avendo effettuato le misure che ai capi del resistore si stabiliscono 4,2 V mentre la corrente è 8,94 mA. La potenza che il resistore dovrà dissipare è dunque P = 4,2 0,00894 = 0,037548 W = 37,5 mW. Dunque i nostri 470 Ohm dovranno essere forniti da un resistore da 125 mW ovvero 1/8 Watt.

Esercizio 9

Analizza il circuito sottostante, calcola la potenza P della resistenza e indica quale resistore sceglieresti di quelli indicati nella tabella nella pagina precedente.

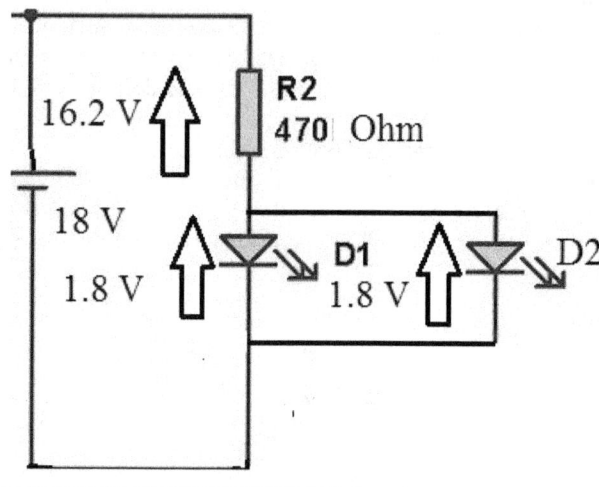

RESISTENZE IN SERIE

Cosa accade se il valore ohmico di cui abbiamo bisogno per limitare la corrente nel circuito non è disponibile in commercio? Una delle soluzioni possibili è collegare più resistori in serie. Ciò significa inserirli nel circuito uno di seguito all'altro ovvero unire la fine del primo resistore all'inizio del secondo resistore poi la fine di questo all'inizio del terzo e così via. Collegando le resistenze in questo modo il percorso possibile per la corrente rimane comunque unico e gli elettroni "sentiranno" un ostacolo complessivo alla loro circolazione rappresentato dalla somma di tutte le resistenze. In altre parole collegare tante resistenze in serie è equivalente ad utilizzarne una sola da valore in Ohm pari alla somma di tutti i singoli valori.

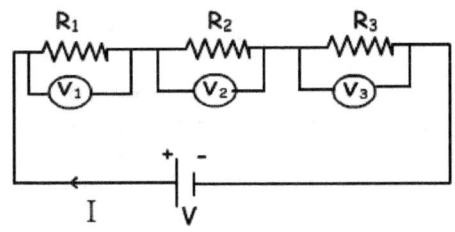

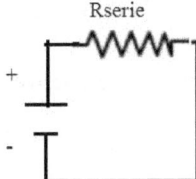

In formule:
Rserie = R1+R2+R3

Osserviamo la figura sopra; al polo positivo della pila abbiamo collegato tre
resistenze diverse R1, R2, R3 in serie e nel circuito, essendovi una strada
unica per gli elettroni per circolare, **vi sarà un'unica corrente che
indichiamo con I**. Se noi misuriamo con il multimetro le tensioni ai capi
dei singoli resistori noi constateremo differenti tensioni V1, V2, V3. Infatti
le tre resistenze in serie hanno la stessa corrente I ma non la stessa tensione
tra i terminali. Le tre resistenze si spartiscono la tensione totale del circuito
ed in generale le resistenze più grandi "conquisteranno" più tensione. Per
quanto detto si dice che le resistenze in serie realizzano un *partitore di
tensione* ovvero consentono di suddividere la tensione totale.

Esercizio 10

Svolgi le attività indicate alla pagina seguente.

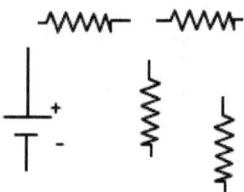

Con la matita collega, nella figura soprastante, la batteria e le quattro resistenze in modo da realizzare un collegamento in serie.

Calcola la resistenza equivalente alle resistenze collegate in serie: 1 kOhm, 390 Ohm, 33 kOhm.

Necessitiamo di una resistenza da 400 Ohm. Utilizzando resistori E12 (tolleranza 5%) disegna il collegamento che consente di ottenere tale valore ohmico. Successivamente indica i colori dei resistori utilizzati.

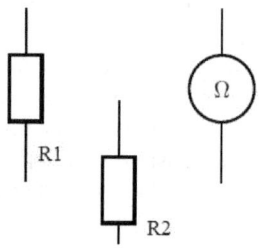

Nel circuito soprastante collega con un tratto di penna R1 ed R2 per descrivere un collegamento in serie; collega anche il multimetro in modalità ohmetro per misurare la resistenza equivalente Rserie.
Successivamente con i resistori che ti avrà consegnato l'insegnante misura Rserie annotando i valori via via misurati e la portata da te selezionata per lo strumento (nel caso tu non disponga di un multimetro *autoranging*).

R1 (valore nominale)	R2 (valore nominale)	portata strumento	Rserie misurato

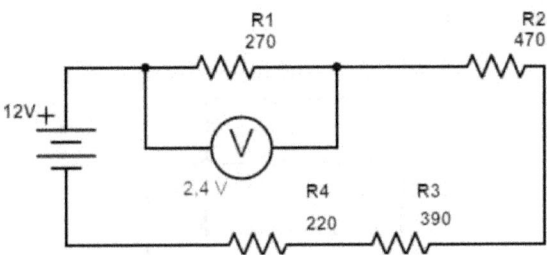

Osserva il circuito soprastante. Realizzalo e misura con il multimetro in modalità voltmetro la tensione ai capi delle singole resistenze annotando i dati nella tabella sottostante. Come esempio nella figura sopra è indicata la tensione ai capi di R1 ovvero 2,4 V.

Resistenza	portata selezionata	tensione misurata
R1		
R2		
R3		
R4		

Ora inserisci in serie alle 4 resistenze il multimetro in modalità amperometro. Quanto vale la corrente I?
Quale portata hai selezionato?

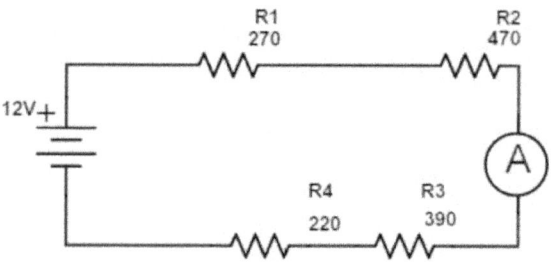

RESISTENZE IN PARALLELO

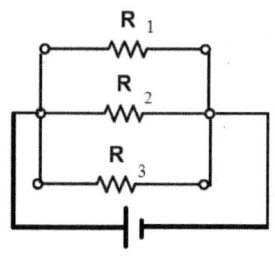

Collegare più resistori in parallelo significa, come mostra la figura soprastante, unirne i terminali a due a due. E' evidente che abbiamo aggiunto più "strade" per la circolazione delle cariche. La strada principale , cioè il ramo contenente il generatore, si dirama in altre tre strade secondarie, ciascuna contenente un resistore, che si ricongiungono nuovamente sul ramo principale.

Siccome abbiamo aggiunto più percorsi alternativi per il passaggio degli elettroni, essi "sentiranno" un minore ostacolo dunque la corrente aumenterà.

La *resistenza equivalente* Rpar ad un collegamento in parallelo è sempre inferiore alla resistenza offerta dai singoli rami. Prima di capire come si calcola ricordiamo che:

- le resistenze in parallelo non sono, in generale, accomunate dalla stessa corrente in quanto questa sarà maggiore nel ramo con resistenza minore;
- le resistenze in parallelo sono accomunate dalla *stessa tensione* in Volt.

Per comprendere l'importanza del collegamento in parallelo basti ricordare che nelle nostre case quasi tutti i nostri apparecchi utilizzatori sono connessi in parallelo. In questo modo essi verranno alimentati con la stessa tensione (230 V in alternata) e i costruttori sapranno di dover realizzare apparecchi alimentati con una tensione prefissata a prescindere da quanti carichi noi utilizzatori colleghiamo e alimentiamo attraverso le prese a spina (televisore, asciugacapelli, forno elettrico, ecc.).

Vediamo ora il calcolo della resistenza equivalente.

I modo

Con la formula unica e molto comoda se disponiamo di una calcolatrice scientifica:

$$Rpar = \cfrac{1}{\cfrac{1}{R1} + \cfrac{1}{R2} + \cfrac{1}{R3}}$$

II modo

Con N-1 passaggi dove N è il numero dei resistori. Con 3 resistori dunque devo fare 3-1 ovvero 2 calcoli:

$R1,2 = \dfrac{R1xR2}{R1+R2}$ è la resistenza equivalente al parallelo tra R1 ed R2.

$Rpar = \dfrac{R1,2xR3}{R1,2+R3}$

Questa seconda modalità di calcolo è consigliabile se disponiamo di una calcolatrice elementare e non di quella scientifica.

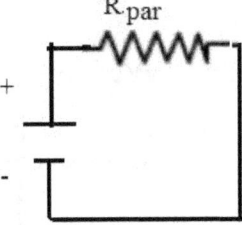

$R.par$

Facciamo un esempio R1 = 1000 Ohm, R2 = 220 Ohm, R1 = 39.000 Ohm.

$R1,2 = \dfrac{1000 \cdot 220}{1000+220}$ = 180 Ohm circa

è la resistenza equivalente al parallelo tra R1 ed R2.

31

Rpar = R1,2,3 = $\frac{R1,2 \cdot R3}{R1,2 + R3}$ = $\frac{180 \cdot 39.000}{180 + 39.000}$ = 179 Ohm circa

E' importante sottolineare che la resistenza equivalente al parallelo è sempre inferiore alla più piccola delle resistenze che costituiscono il parallelo.

La formula è certamente più complicata da ricordare rispetto a quella del collegamento in serie. Tuttavia in alcuni casi possiamo intuire approssimativamente il risultato e precisamente:

- fra tutte le resistenze che compongono il parallelo non influiscono sul calcolo le resistenze molto più grandi delle altre cioè almeno 10 volte più grandi.
- se ho due resistenze di ugual valore collegate in parallelo il risultato è pari alla metà.
- se ho N resistenze in parallelo di ugual valore R collegate in parallelo il risultato è pari a R/N.

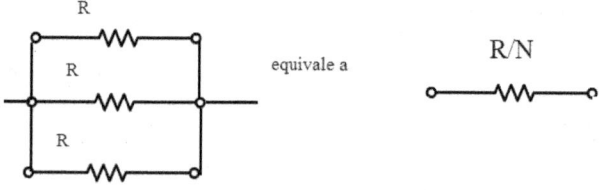

Esercizio 11

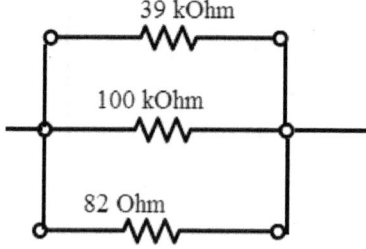

Calcola la resistenza equivalente del circuito soprastante. Prima ancora di ricorrere alla calcolatrice sapresti indicare, approssimativamente, il risultato che prevedi? Perché?

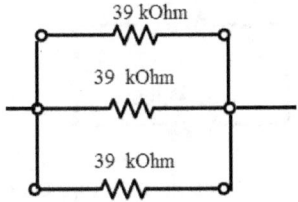

Calcola, senza fare uso della calcolatrice, la resistenza equivalente del circuito soprastante.

Calcola la resistenza equivalente del circuito alla pagina seguente facendo attenzione al fatto che il filo centrale non contiene alcun resistore!

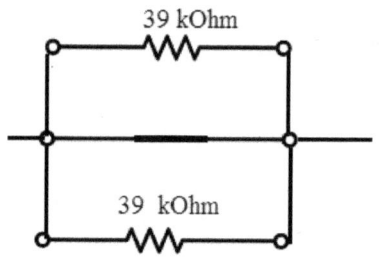

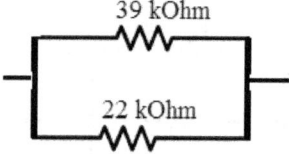

Calcola la resistenza equivalente del circuito soprastante.

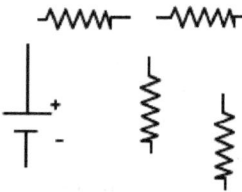

Nel circuito soprastante collega con un tratto di penna i 4 resistori e la batteria per realizzare un collegamento in parallelo.

Necessitiamo di una resistenza equivalente da 600 Ohm. Come possiamo ottenerla se disponiamo di soli resistori da 1800 Ohm? Disegna il collegamento tra diversi resistori la cui resistenza equivalente sia 600 Ohm.

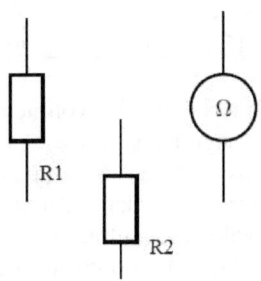

Nel circuito soprastante collega con un tratto di penna R1 ed R2 per descrivere un collegamento in parallelo; collega anche il multimetro in modalità ohmetro per misurare la resistenza equivalente Rpar.

Successivamente con le resistori che ti avrà consegnato l'insegnante misura Rpar annotando i valori via via misurati e la portata da te selezionata per lo strumento (nel caso tu non disponga di un multimetro *autorange*).

R1 (valore nominale)	R2 (valore nominale)	portata strumento	Rpar misurato

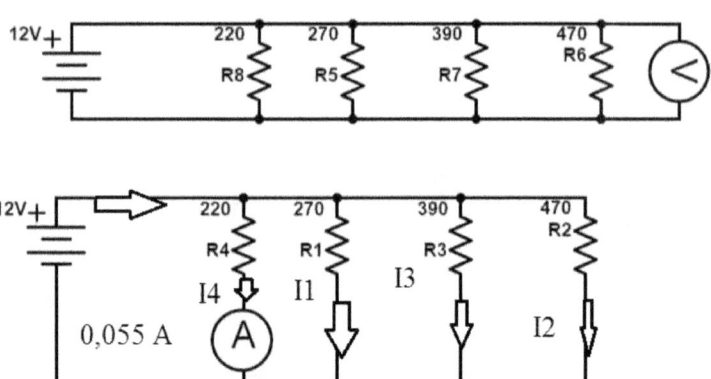

La figura sopra mostra l'inserzione del voltmetro per verificare il valore della tensione ai capi delle singole resistenze.
Procurati i componenti e misura la tensione. Quanto vale?
Dopo di ciò misura la corrente circolante sui singoli resistori. L'immagine mostra, come esempio, il valore riscontrato per R4 ovvero 0,055 A. Misura le altre e anche quella uscente dal polo positivo del generatore annotando i dati nella tabella.

componente	portata	corrente misurata
batteria		
R2		
R3		
R4		

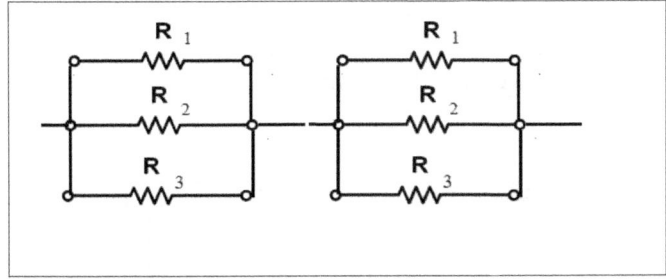

Osserva il circuito soprastante. Abbiamo unito due gruppi distinti di 3 resistenze in parallelo. Calcola la resistenza equivalente sapendo che tutte le resistenze sono da 1200 Ohm.

Se hai svolto senza difficoltà l'ultimo esercizio allora sei pronto per affrontare i collegamenti misti tra resistori.

COLLEGAMENTI MISTI TRA RESISTORI

Possiamo collegare alcuni resistori in serie tra loro e porre in parallelo a questo gruppo un altro resistore. Ai fini del calcolo della resistenza equivalente dovremo dapprima calcolare quella equivalente alla serie poi calcolare la resistenza totale con la formula del parallelo. Esempio:

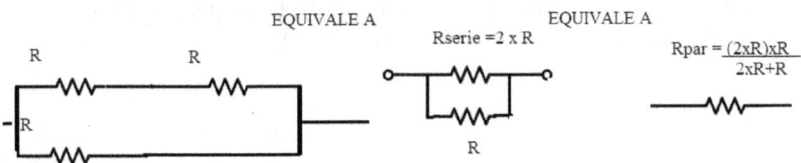

Sostituiamo a R un valore ohmico per esempio 1200 Ohm. Rserie varrà allora 2 x 1200 = 2400 Ohm mentre Rpar varrà:

$$\frac{2400 \times 1200}{2400+1200} = \frac{28.800.000}{3600} = 800 \text{ Ohm}$$

Esercizio 12

Ripeti il calcolo precedente con R= 15 kOhm.

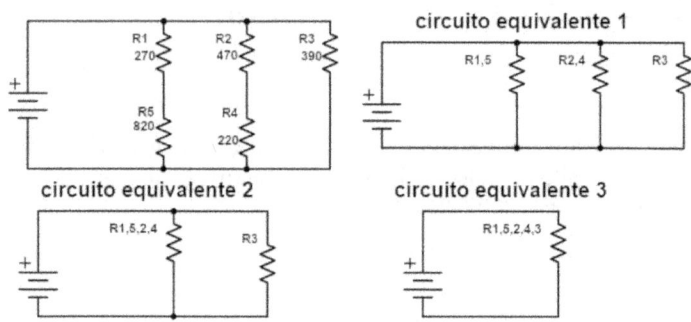

Osserva il circuito in alto a sinistra. Per determinare la resistenza equivalente procedi così:
- calcola R1,5 (formula serie)
- calcola R2,4 (formula serie)
- calcola R1,5,2,4 (formula parallelo)
- infine calcola R1,5,2,4,3 (parallelo) che rappresenta effettivamente la resistenza equivalente complessiva di tutti i cinque resistori presenti nel circuito.

Come puoi notare avere a disposizione i disegni dei circuiti via via semplificati con le resistenze parziali è molto utile per non sbagliarsi e non confondere serie e parallelo. Mostra tutti i calcoli.

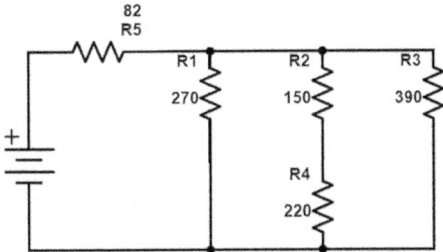

Calcola la resistenza equivalente del circuito soprastante. Prima di arrivare al circuito finale disegna passo dopo passo i circuiti intermedi con le nuove resistenze equivalenti calcolate.

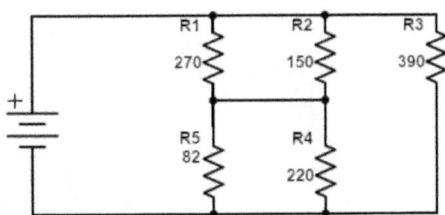

Calcola la resistenza equivalente Req del circuito soprastante.
Prima di arrivare al circuito finale *disegna* passo dopo passo i circuiti intermedi con le nuove resistenze equivalenti calcolate.

39

Esercizio 13

Cruciverba: le parole da indovinare appartengono tutte al settore elettrico-elettronico.

Across

1. l'errore massimo nel realizzare un resistore
2. esprime una potenza
3. light emitting diode
4. altro nome del multimetro
5. in_____ è il collegamento dell'ohmetro

Down

1. esprime una tolleranza pari al 5%
2. significa mille volte più grande
3. in continua è il prodotto corrente tensione
4. esprime una corrente
5. valore teorico di resistenza
6. sono in_____le pile nelle torce portatili

Bibliografia e fonti delle immagini

http://www.baronerosso.it/forum/3572372-post128.html
http://www.salvitti.it/geo/resistor/#tecnica
http://slideplayer.it/slide/8962597/#.V0W1kI6P_F4.gmail
http://www.koaglobal.com/product/basic/marking?sc_lang=en
http://www.wellsve.com/sft494/technical_meter.gif

REALIZZARE UN PROTOTIPO

Indice del modulo

COLLEGAMENTI NELLA BREADBOARD

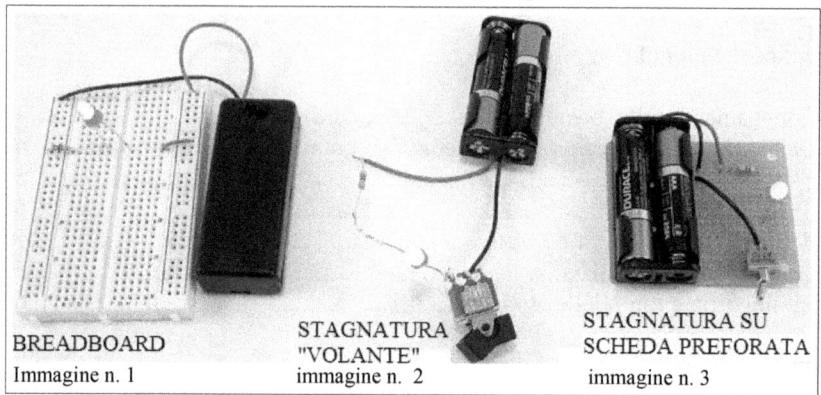

BREADBOARD	STAGNATURA "VOLANTE"	STAGNATURA SU SCHEDA PREFORATA
Immagine n. 1	immagine n. 2	immagine n. 3

Abbiamo già sperimentato che realizzare un circuito con più componenti senza eseguire stagnature è un pò complicato. Occorre collegare con i cavetti di rame i vari terminali e stare molto attenti che non si interrompa il circuito quando spostiamo anche leggermente un componente.

Per realizzare in modo rapido il nostro circuito, testarlo comodamente ovvero misurare le tensioni, le correnti, le resistenze e apportare in modo altrettanto rapido delle modifiche abbiamo a disposizione la *breadboard (letteralmente tagliere del pane)*. Dunque una volta verificato che il nostro circuito risponde pienamente alle specifiche abbiamo due alternative:

- realizzare il circuito "definitivo" eseguendo le stagnature (vedi immagine n. 2); hai mai provato a smontare dei piccoli apparecchi portatili (sveglie, bilance digitali ad esempio)? Avrai notato delle schede forate con i componenti elettronici fissati tramite stagnatura proprio come nella immagine n. 3.
- "incastrare" i componenti nella breadboard (immagine n. 1); in questo modo potremo spostare i componenti, metterne altri e comunque riutilizzare all'infinito la breadboard per costruire altri prototipi. *Il prototipo è per l'appunto il primo esemplare di un circuito "di prova".*

La breadboard è un supporto di plastica (dunque di materiale isolante!) dotato di molti fori nei quali inseriamo i terminali e i pin dei nostri componenti o circuiti integrati. Attraverso i fori i terminali vengono posti in

contatto con le piste di rame che hanno una *direzione nota*.
Resistenze, condensatori, batterie, lampade possono sembrare, in un circuito realizzato su breadboard, del tutto separati tra loro; in realtà la continuità elettrica si compie attraverso le piste di rame tracciate all'interno della breadboard stessa. Ecco come si presenta:

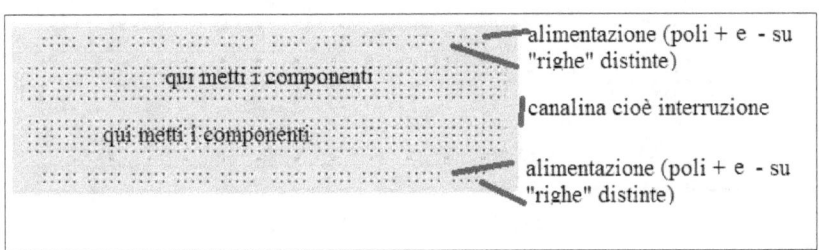

I numeri e le lettere servono come riferimento ma di fatto non sono necessari al funzionamento del circuito. La figura alla pagina precedente evidenzia come sono tracciate, al di sotto della superficie di plastica, le piste di rame.
In particolare nella superficie della breadboard possiano individuare due zone, *una all'estremità in alto e l'altra all'estremità in basso,* in cui il rame è presente complessivamente in quattro piste orizzontali. Non è un caso che di solito siano indicati i simboli + e – poiché conviene collegare a ciascuna di queste piste orizzontali un polo dell'alimentazione. Dico conviene poiché se abbiamo, ad esempio, ben 15 lampade di segnalazione che vanno alimentate a +9 V porteremo il polo positivo dell'alimentatore in un foro (ma in uno solo!!) qualsiasi di una delle 4 piste e il polo negativo in un foro di una delle tre rimanenti.
Attenzione se a metà piste orizzontali è presente la *lettera W o comunque la plastica si presenta priva di fori*, significa che la pista ha un'interruzione. Essa ci consentirà di avere non più 4 ma 8 piste indipendenti! Ciò risulta utile nei circuiti più complessi in cui sono presenti più generatori di tensione ad esempio +5V e 24V.
Nella *parte centrale* della breadboard vi sono due aree formate ciascuna da colonne costituite da *5 fori*. Il rame è tracciato in piccole piste verticali mentre ciascuna colonna è isolata dalle altre.
Le due aree sono separati da un *"canale"* pertanto sono elettricamente indipendenti. Tale canale è molto utile per inserire i circuiti integrati (chip) i cui piedini (pin) pur avendo una posizione fissata dal costruttore devono

45

rimanere indipendenti. Il montaggio di questi lo vedremo successivamente.

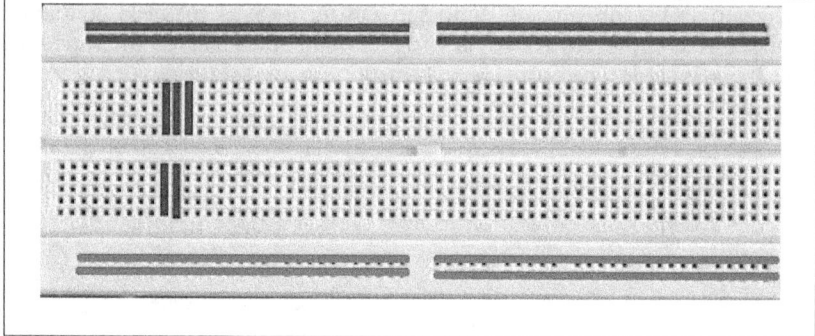

Con un po' di pratica usare correttamente la breadboard diventerà davvero facile. Nel prossimo paragrafo realizzeremo il nostro primo prototipo.

DALLO SCHEMA DI PRINCIPIO ALLO SCHEMA DI MONTAGGIO

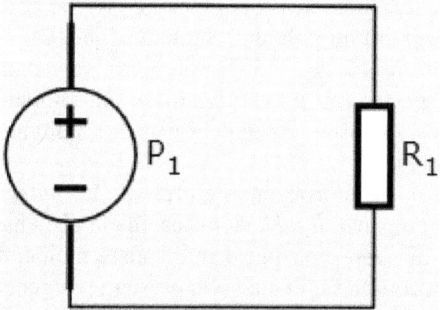

Lo schema elettrico di principio riprodotto qui sopra mostra un resistore da 1kOhm collegato ad un generatore di tensione continua da 5 V. Anzichè la batteria useremo un alimentatore da laboratorio.
Qui sotto lo schema di montaggio su breadboard.

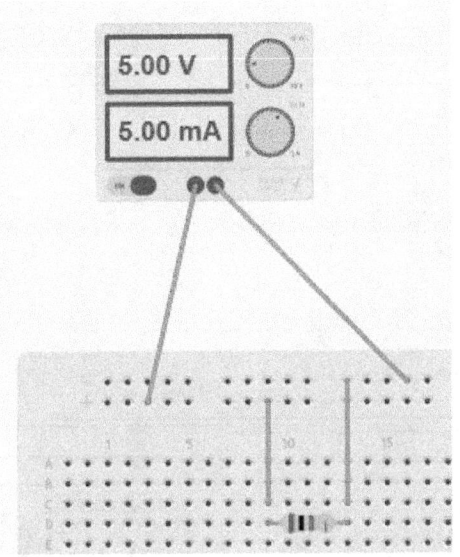

Avremmo potuto inserire i terminali del resistore in posizioni diverse. Solo per fare qualche esempio: nella *riga* A oppure B oppure C anziché nella D e nella colonne n. 1 e 5 oppure n. 5 e 10 oppure 10 e 15 anziché 9 e 13.

Se non riesci a inserire i terminali nei fori prescelti in quanto troppo lontani puoi comunque raggiungerli utilizzando i cavetti di rame che per questa loro funzione spesso sono chiamati "ponticelli".

Sebbene le possibilità di montaggio siano molteplici ricordati di:

– non inserire **mai** i due terminali di un componente (resistore, led, lampadina) in **verticale** nella stessa colonna;

– non inserire **mai** i due terminali di un componente (resistore, led, lampadina) in **orizzontale in ciascuna delle 4 righe riservate all'alimentazione**;

Esercizio 1

Nella pagina seguente ti mostro schemi di montaggio differenti rispetto a quello appena visto cioè un resistore da 1kOhm alimentato da un generatore regolato su 5V. Indica sotto a ciascuno di essi se lo schema alternativo è corretto oppure se non lo è. In questo caso giustifica la tua risposta.

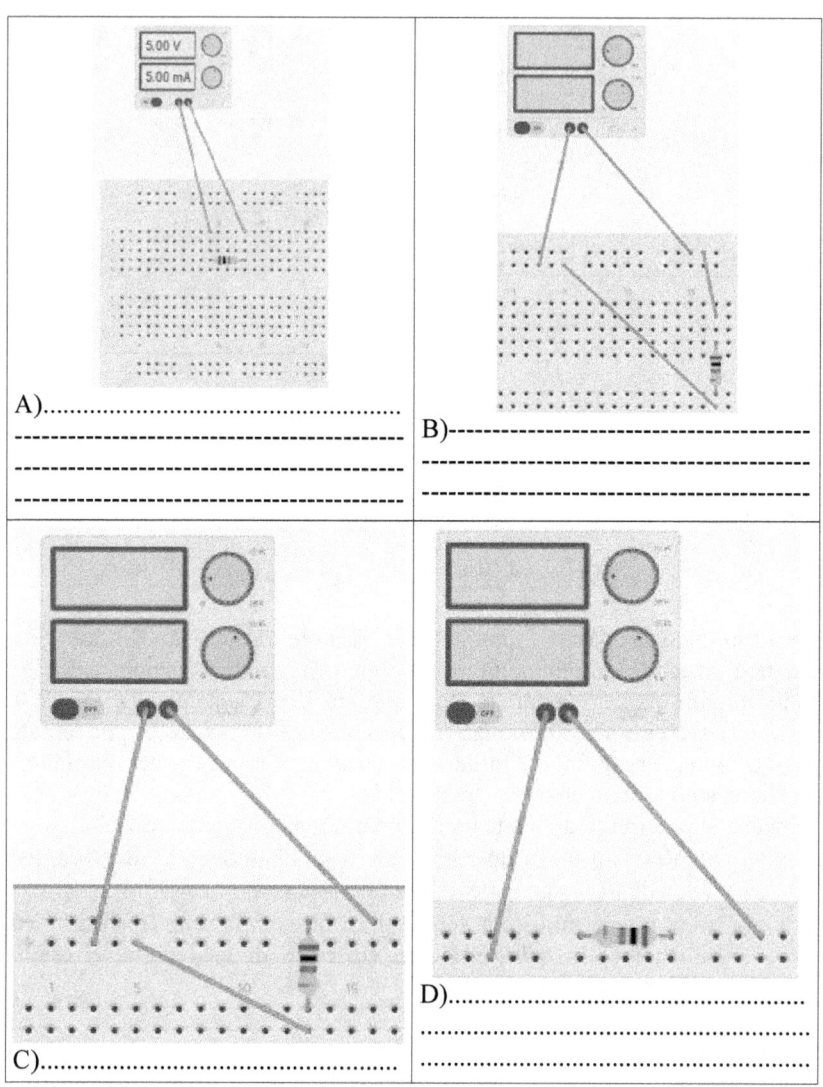

A)..

B)--

C)...

D)..

....

....

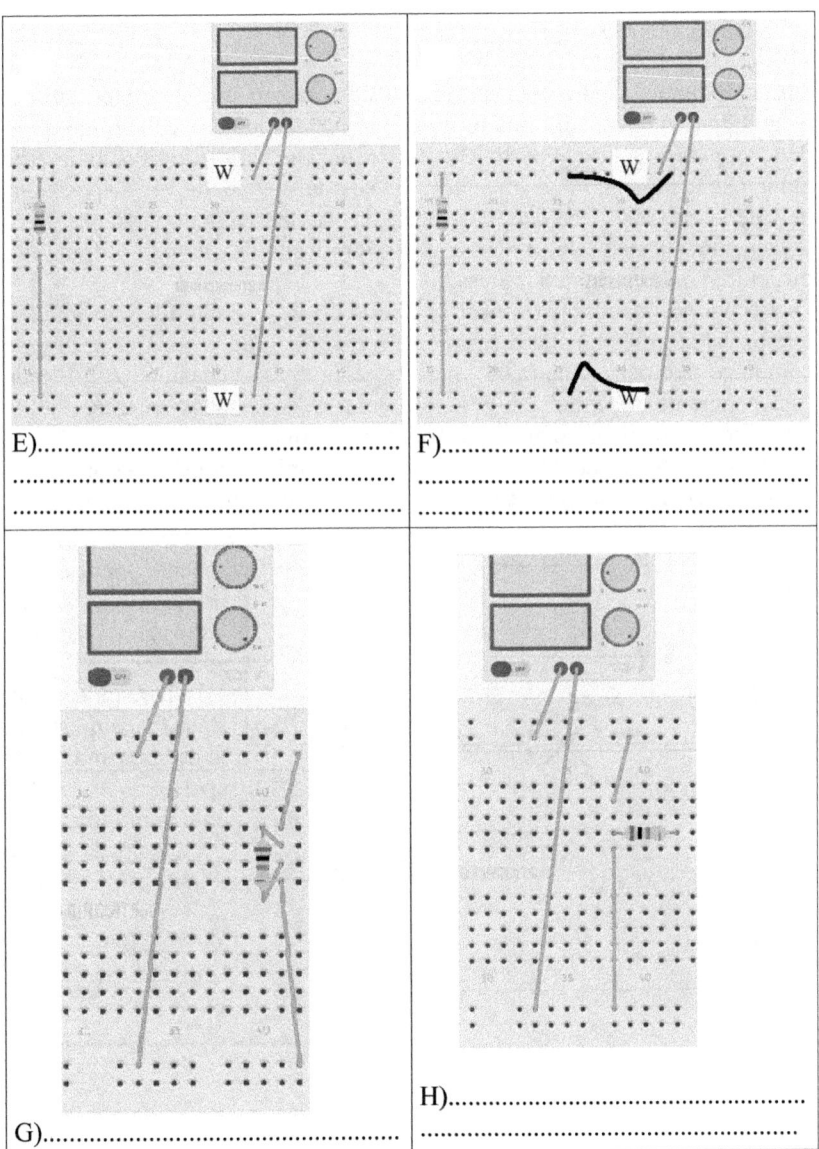

E)..
....
....

F)..
....

G)..

H)..
....

USO DEGLI INTEGRATI

Un componente rappresenta un circuito integrato o IC (integrated circuit) quando, per esigenze di miniaturizzazione ossia riduzione delle dimensioni delle apparecchiature elettroniche da realizzare, contiene al suo interno numerosi componenti elementari. Il costruttore mette a disposizione dell'utente nel foglio tecnico (datasheet) il cosiddetto pinout diagram ovvero lo schema elettrico di principio e il significato dei terminali (pin out) disponibili all'esterno dell'ic stesso.

Questi pin occupano posizioni fisse e sono disposti su due file parallele.per questo vanno inseriti sulla breadboard *a cavallo della scanalatura*. In caso contrario cortocircuitiamo i pin a coppie producendo o il non funzionamento del circuito o, peggio ancora, il suo danneggiamento.

Iniziamo da un integrato molto semplice: l'interruttore.

Il suo compito è stabilire o interrompere tramite il nostro azionamento manuale la continuità elettrica tra due punti del circuito.

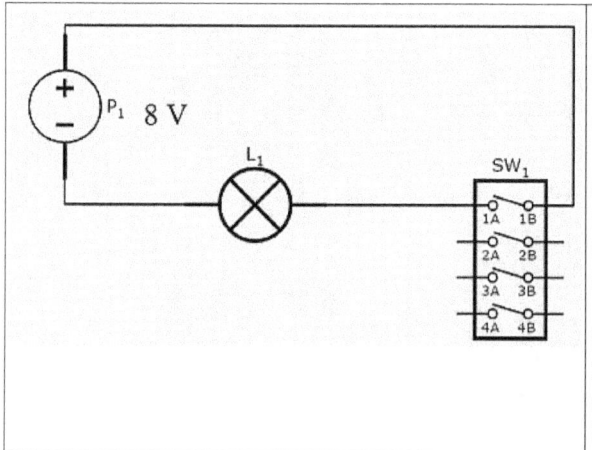

schema elettrico di principio: la lampada L1 rimane spenta se i poli 1A e 1B si trovano nello stato fisico mostrato nello schema cioè aperti. Se chiudiamo lo switch 1 la lampada L1 si illumina. Gli switch 2, 3 e 4 non hanno alcun effetto sulla lampada.

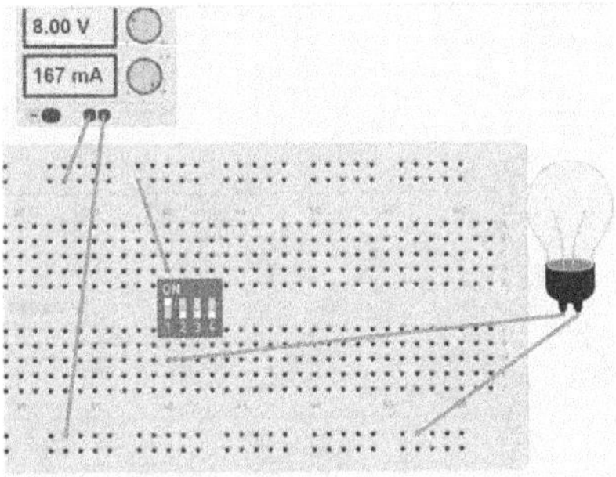	schema di montaggio: l'integrato va sempre collegato "a cavallo" della scanalatura centrale.
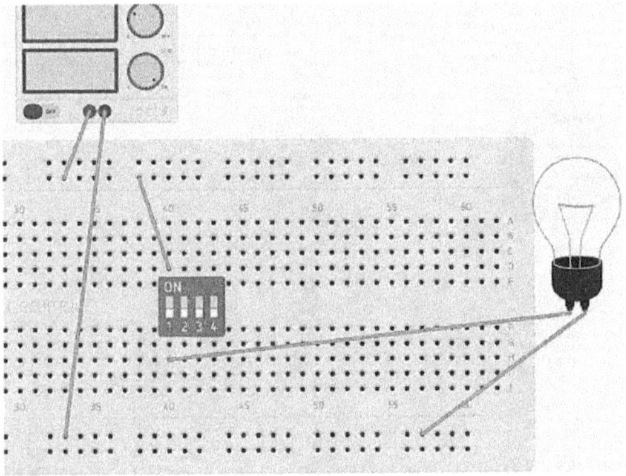	Lo switch 1 è nella posizione off: non c'è continuità elettrica tra i due poli dello switch 1 pertanto la lampada è spenta.

Esercizio 2

Fai un'analisi del guasto.

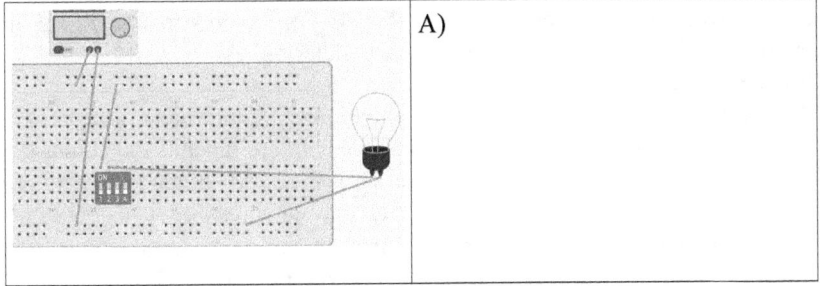

A)

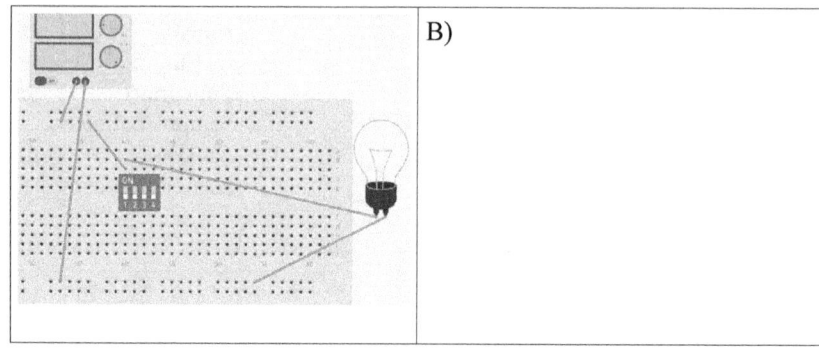

B)

IL LED

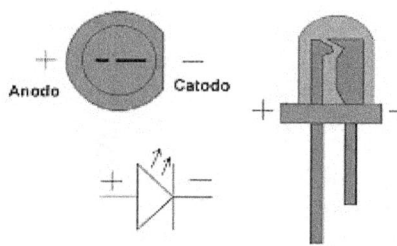

Anodo   Catodo

L'immagine riproduce il led (light emitting diode) - un componente dall'aspetto simile a quello di una lampadina e il relativo segno grafico simile ad un triangolo con due frecce. E' importante sottolineare che il led è un componente *polarizzato* ovvero ha un terminale positivo e uno negativo detti rispettivamente anodo e catodo. Il primo si distingue perchè più lungo, inoltre, guardando la base del transistor (vedi figura in alto a sinistra) è posto sulla parte perfettamente rotonda. Il catodo invece è il terminale più corto, posto sul lato della base "tagliata". Osservando invece il led in trasparenza il catodo ricorda una sorta di bandierina.

Ma come funziona il led?

E' un componente optoelettronico che emette luce, di intensità crescente, se:

- viene percorso da una corrente, il cui valore dipende dal colore del led, ma che possiamo indicare circa 8-20 mA. Superato tale limite il led si danneggia, trascorso un tempo più o meno breve.
- la tensione di alimentazione supera un valore di soglia, ancora una volta dipendente dal colore del led, variabile tra 2 e 4 V.

A differenza di quanto molti profani pensano, il colore della luce emessa non dipende dal colore del "coperchio" del led ma dalla combinazione di *semiconduttori* impiegati nella sua realizzazione. Il coperchio è di solito colorato per esaltare la luce emessa.

Quando montiamo il led in un circuito dobbiamo seguire i seguenti accorgimenti:

- l'anodo deve essere collegato verso il polo + dell'alimentatore mentre il catodo verso il polo -.

- non deve essere collegato direttamente tra i poli del generatore di tensione proprio perchè può sopportare, senza danneggiarsi, una potenza *massima* P:

  $P = Vled \times Iled$

Faremo un esempio di calcolo traendo i dati dalla tabella sottostante e dal grafico sottostante.

Absolute Maximum Ratings at $T_A = 25°C$

Parameter	Red	Yellow	Green	Units
Power Dissipation[3]	135	85	135	mW

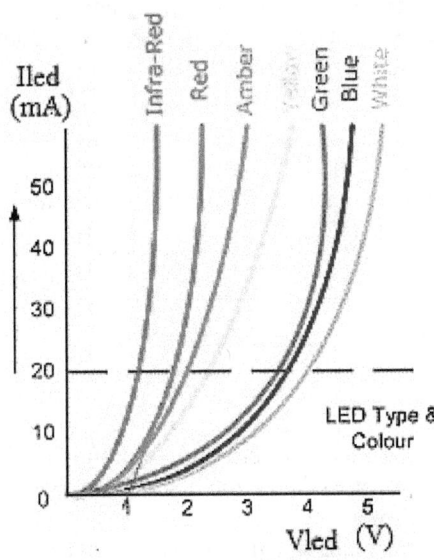

Prendiamo la *curva green* che descrive per l'appunto il legame tra corrente

53

Iled e la tensione Vled nel caso di led verde. Se noi consideriamo un valore fisso di corrente pari a 20 mA, corrispondente come già detto, a livelli di piena luminosità, allora dovremo considerare che ai capi del led si stabilirà una tensione pari a circa 3,3 V. La potenza P dissipata sarà:

$$P = 3,3 \cdot 20 \cdot 10^{-3} = 60 \cdot 10^{-3} = 60 \text{ mW}$$

60 mW essendo un valore inferiore ai 135 mW massimi raccomandati nella tabella (colonna green) ci rassicurano sul fatto che il led non si danneggerà.

Esercizio 3

Lo stesso led green con tensione di soglia pari a 3,3 V a causa del minore valore di resistenza del circuito in cui è inserito sarà percorso da una corrente parti a 80 mA. Secondo te si danneggerà oppure funzionerà perfettamente con una luminosità ancora maggiore? Giustifica la tua risposta.

Esercizio 4

Desideriamo, esattamente come abbiamo fatto per il led green, verificare che la potenza dissipata con 20 mA di corrente sia entro i massimi consentiti anche se usassimo led rossi (red) e gialli (yellow).
Compila la tabella:

led	Iled corrente (mA)	Vled tensione (V)	P potenza (mW)	potenza massima dissipabile	P è tollerabile dal led? (sì/no)
rosso	20				
giallo	20				

Esercizio 5

Sono riprodotti gli schemi di principio e di montaggio di un circuito molto semplice: il led è comandato da uno switch ed è protetto da una resistenza limitatrice di corrente.
Il circuito funzionerebbe ugualmente se invertissi la posizione dei terminali A e K?

....

Cosa accadrebbe se sostituissi la resistenza da 270 Ohm con una da 1 Ohm?

....

Cosa accadrebbe se sostituissi la resistenza da 270 Ohm con una da
1 MOhm?

....

Esercizio 6

Analizza il circuito sottostante. I led una volta chiuso lo switch dovrebbero
illuminarsi contemporaneamente essendo collegati in serie. Una volta
montato il circuito abbiamo invece constatato che ciò non avviene. Sapresti
spiegarne la ragione e individuare una soluzione?

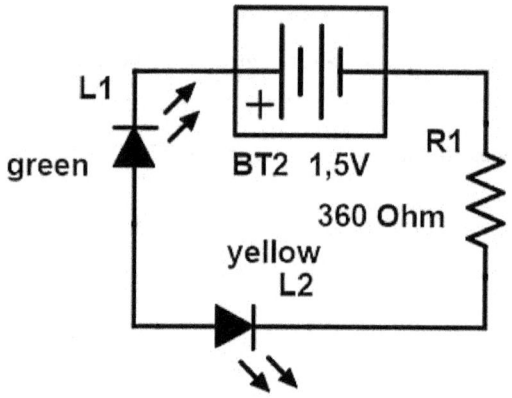

L1
green

BT2 1,5V

R1

360 Ohm

yellow
L2

....
....

Esercizio 7

Osserva il circuito sopra. Desideriamo montarlo su breadboard. Hai a disposizione la serie E12 al 5% dei resistori. Come puoi ottenere i 360 Ohm indicati nel circuito? Scrivi il codice colori dei resistori da te utilizzati.
....
....

Realizza lo schema di montaggio su breadboard del circuito corretto.

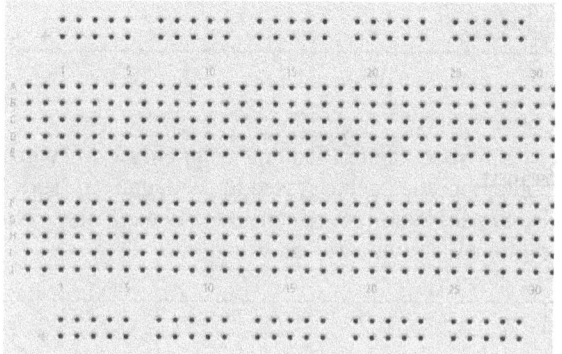

IL RELE'

Il relè è un componente semplice ma, come vedremo, estremamente utile per realizzare delle automazioni anche complesse. Osservando la figura

sottostante vediamo che al suo interno contiene:
una molla,
una bobina,
un'ancora mobile,
un set di contatti.

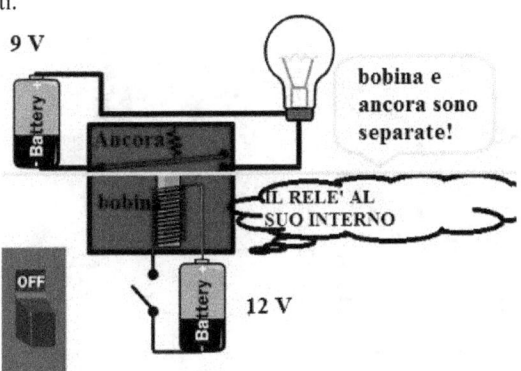

Vi sono due *circuiti completamente distinti e separati*: il primo contenente batteria 12 V, switch e bobina e il secondo formato da batteria 9 V, una lampada e il contatto *normalmente aperto* del relè. Quando dico *circuiti completamente distinti e separati* intendo dire che tra di essi non vi è continuità elettrica. Compreso ciò rimane il fatto seguente: se pongo lo switch su ON applico alla bobina una tensione pari a 12 V, l'ancora che è flessibile (e collegata ad una molla!) viene *attratta dalla bobina e di conseguenza chiude* il secondo circuito dove la lampada si illumina. Cosa accade quando riporto lo switch nella posizione OFF? La bobina smette di attrarre verso di sè l'armatura; pertanto la molla cui è collegata la riporta nella posizione "di riposo" che è mostrata nella figura. Di fatto il secondo circuito viene interrotto e la lampada si spegne. La bobina è un elettromagnete realizzato con un insieme di spire di rame avvolte su un supporto ferromagnetico; ciò significa che quando le viene applicata una certa tensione, nel nostro caso 12 V, sviluppa una forza magnetica sufficiente ad attrarre l'armatura di ferro e a vincere la forza della molla che la manterrebbe in una certa posizione. L'immagine mostra una realizzazione oltremodo semplice del relè con un singolo contatto *normalmente aperto (normally open)*. In realtà i relè commerciali contengono più contatti e (3, 6, 9 e anche oltre) che vengono azionati cioè allontanati dalla loro posizione di riposo quando applichiamo la tensione di lavoro alla bobina. La tensione di lavoro se non è indicata sul componente stesso può essere letta nel datasheet fornito dal costruttore. Vediamo, nel prossimo paragrafo, un pò di terminologia dei contatti.

CONTATTI DEL RELÈ

Osserva la figura.

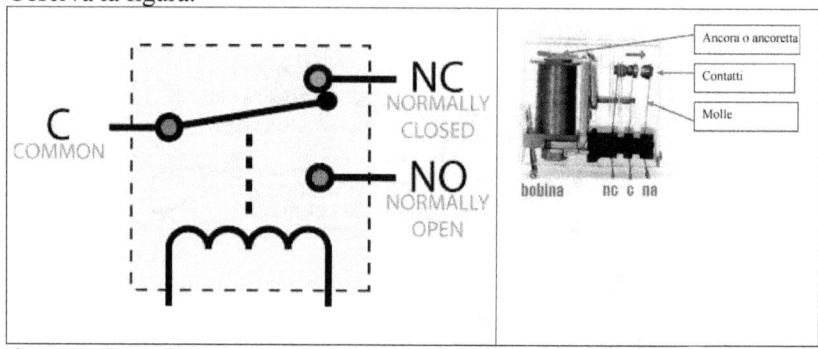

il contatto di scambio

Abbiamo essenzialmente tre tipi di contatto:

– *Contatto normalmente aperto* (NA oppure Normally Open o NO): in questo caso il contatto si chiude soltanto se viene *eccitata* la bobina cioè se le viene applicata la *tensione di lavoro*. Accade che si sviluppa un campo magnetico tale da far commutare il contatto: a riposo era aperto ora diventa chiuso. Simbolo:

– *Contatto normalmente chiuso* (NC o Normally Closed) che si apre quando viene eccitata la bobina. Simbolo:

– *Contatto di scambio* (CO in Europa o SPDT Single Pole Double Throw in America): guarda la figura sopra. Quando la bobina si eccita il contatto comune (COM) si separa da quello NC e si unisce a quello NO. In sostanza cambia contemporaneamente lo stato di due contatti e con essi la continuità elettrica dei due circuiti in cui sono inseriti. Simbolo:

58

Il relè funziona da *deviatore se dispone di un contatto di scambio.* Se colleghiamo soltanto il contatto NO o quello NC invece il relè funziona da *interruttore.*

E' importante sottolineare la differenza tra il relè e i componenti meccanici tradizionali come i deviatori e gli interruttori negli impianti civili: se viene a mancare l'alimentazione i contatti assumono la posizione di riposo e la mantengono anche al ripristino di essa.

Questa considerazione può essere particolarmente importante anche ai fini della sicurezza.

L'immagine qui sotto mostra come esempio un minirelè da circuito stampato dotato oltre ai due terminali di alimentazione della bobina anche due contatti di scambio (Sigla DPDT cioè double pole double throw). Il costruttore ci indica come distinguere i diversi contatti. Tale schema è necessario quando l'involucro del relè non è trasparente.

A1   12 11 14

A2   22 21 24

Domande

Quanti contatti COM contiene il minirelè raffigurato qui sopra?...................

Qual'è la loro numerazione?..

Quanti contatti NO contiene il minirelè raffigurato qui sopra?.......................

Qual'è la loro numerazione?..

Quanti contatti NC contiene il minirelè raffigurato qui sopra?.......................

Qual'è la loro numerazione?..

Osserva il circuito sottostante e indica la risposta corretta tra le 4 possibili.
Nella situazione raffigurata quale led è acceso?
- L1
- L2
- entrambi
- nessuno dei due

Se lo switch S1 è ON quale led è acceso?
- L1
- L2
- entrambi
- nessuno dei due

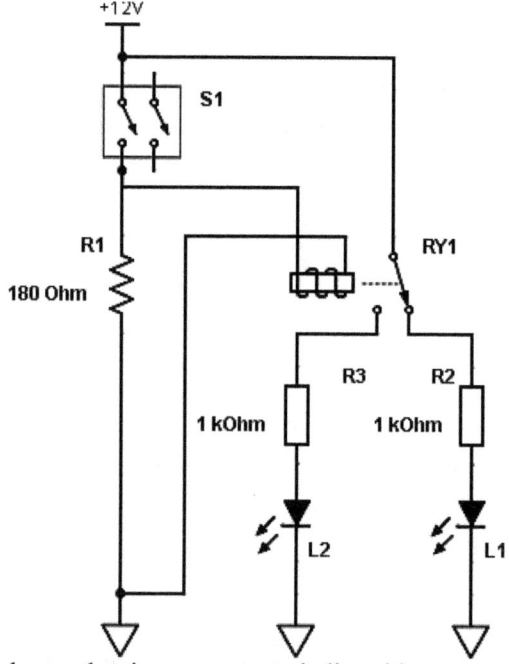

Sullo stesso schema elettrico soprastante indica chiaramente con la penna i contatti COM, NO ed NC del relè.

Scrivi il codice colori delle resistenze al 5% presenti nel circuito:
180 Ohm:

1kOhm:

Osserva ancora lo schema di principio alla pagina precedente: completa lo schema di montaggio su breadboard indicando chiaramente i contatti NC, NO e COM del relè, i poli + e – della tensione di alimentazione. Aggiungi ovviamente i componenti mancanti.

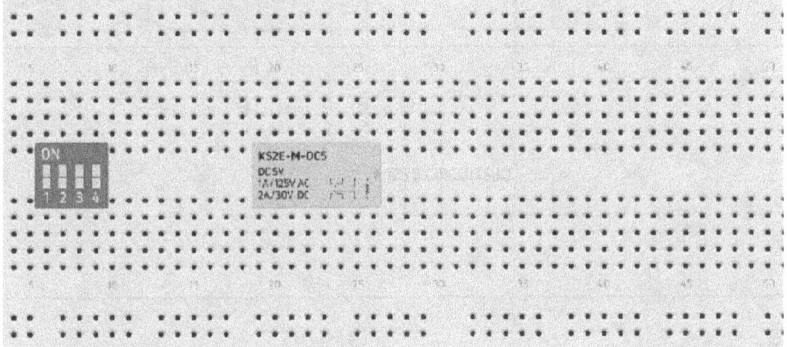

Esercizio 8

Risolvi il cruciverba alla pagina seguente che ovviamente riguarda il settore elettrico.

Across

1. fornisce tensione continua regolabile
2. commutano nel relè
3. insieme di spire di rame
4. si misura in volt

Down

1. primo esemplare di un circuito
2. supporto che consente il montaggio senza stagnatura
3. nel led va al meno
4. nel led va al più
5. cavetto di rame che ...unisce
6. è dissipata nei componenti

Bibliografia e fonti delle immagini

http://www.electronics-tutorials.ws/diode/diode_8.html
https://www.digchip.com/datasheets/download_datasheet.php?
id=376586&part-number=HLMP-1523
http://www.gsmalarmsystem.com/Enshowfaq.asp?id=14#.V0_iIfmLSpA
http://www.buildingblog.it/archivio-post/rele-elettromeccanici-o-statici/
http://web.tiscali.it/altieri_p/Mod-4-Rele.pdf
http://www.webtronic.it/ADM___PROTOCOLLO/cartelle/971681/S40IT.p
df
http://edtools.mankindforward.com/crosswords/1471357/generate

IL CONDENSATORE

Indice del modulo

LA CAPACITÀ DEL CONDENSATORE

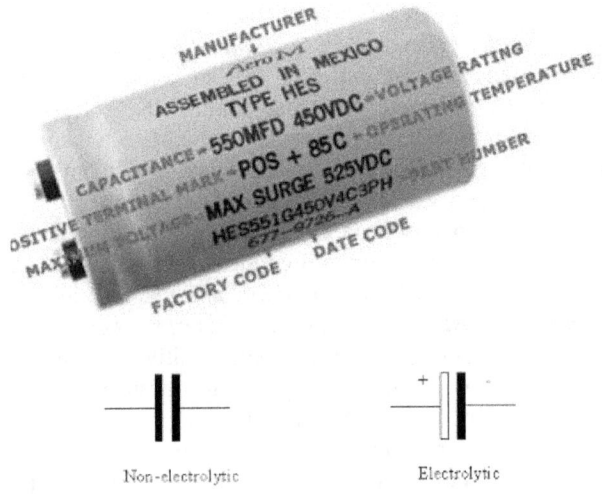

Non-electrolytic   Electrolytic

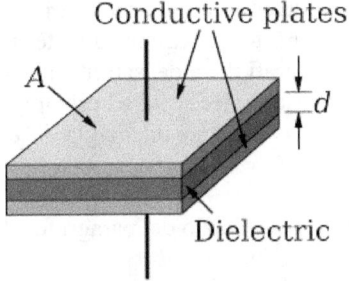

Conductive plates

A

d

Dielectric

Le immagini sopra raffigurano, a partire dall'alto, un condensatore con il significato dei parametri che sono riportati sull'involucro, il segno grafico del componente e infine uno schema della struttura interna.

Il parametro più importante di un condensatore è certamente la capacità (simbolo C) che indica quanta carica elettrica il componente può accumulare. L'unità di misura è il Farad (abbreviazione F) ma le indicazioni sono quasi sempre espresse in *pF, nF* e *μF* che corrispondono ai seguenti sottomultipli del Farad:

$1 \, pF = 10^{-12} \, F$

$1 \, nF = 10^{-9} \, F$

$1 \, \mu F = 10^{-6} \, F$

A proposito del sottomultiplo μ *va detto che vista la difficoltà di stampare questa lettera greca (micro) spesso viene sostituito con la lettera u.*
Purtroppo convivono ancora differenti e molteplici consuetudini. Solo per fare un esempio se troviamo un numero affiancato da MFD significa μF.
Il condensatore è formato da due superfici metalliche dette armature (in inglese *conductive plates)* perciò conduttive di separate da un sottilissimo strato di materiale isolante detto dielettrico (in inglese *dielectric).*
Quest'ultimo può essere costituito da carta, ceramica, poliestere o da una soluzione chimica. In quest'ultimo caso il condensatore è detto *elettrolitico* ed è *polarizzato*; con ciò *intendiamo che dobbiamo prestare attenzione ai segni + e - riportati dal costruttore stesso sulla superficie del condensatore stesso. Il terminale + va collegato* verso il polo positivo del generatore di tensione (alimentatore, pila,..). Se non rispettiamo questo accorgimento il componente si surriscalderà con il rischio di esplodere.
Come già detto il parametro principale del condensatore è la sua capacità. Si indica con la lettera maiuscola C, la sua unità di misura è il Farad (F). Così avremo condensatori da 22 nF ovvero 22 miliardesimi di Farad oppure da 3300 uF ovvero 3300 milionesimi di Farad. Ma cosa rappresenta un Farad? Essa corrisponde ad una quantità di elettroni pari a 1 Coulomb accumulati da un condensatore sottoposto, a regime, alla tensione di 1 Volt. Come vedremo nei prossimi paragrafi il condensatore è un accumulatore di cariche ovvero di elettroni e, in caso di necessità ad esempio, possono essere messi a disposizione per creare una sorgente di energia di "emergenza".

Domande
Analizza la prima immagine all'inizio del paragrafo.
Del condensatore raffigurato indica:
temperatura di lavoro (in °C):...
tensione di lavoro (in Volt):...
capacità (in Farad) :..

INDICAZIONE DELLA CAPACITÀ

Codice a tre cifre
L'immagine alla pagina seguente mostra due condensatori di tipo ceramico. Essendo molto ridotti per indicare la loro capacità i corstruttori adottano solitamente un codice a 3 cifre.

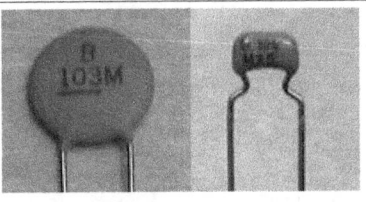

Osserviamo l'immagine sottostante.

La figura mostra come nei condensatori *ceramici* ovvero quelli in cui il dielettrico per l'appunto è la ceramica, la capacità è espressa come 10 in aggiunta ad una cifra indicante gli zeri da aggiungere dopo il 10. L'unità di misura sottintesa *è sempre il **picoFarad** (pF)* ovvero 10^{-12} Farad.

Esempio

nell'immagine in alto si leggono i numeri 103 (foto a sinistra) e 104 (foto a destra). Ricaviamo dunque le capacità:

103 significa 10 con 3 zeri dunque 10.000 pF

104 significa 10 con 4 zeri dunque 100.000 pF

Condensatori elettrolitici

In quelli eletrolitici in cui sono disponibili le capacità maggiori queste sono indicate sull'involucro stesso che essendo più grande consente (per nostra fortuna!) indicazioni più chiare ovvero un numero seguito da sottomultiplo e dall'unità di misura. In genere i numeri possibili sono quelli della serie E6 ovvero sono iniziano sempre con queste due cifre:

10

15

22

33

47

68

Tolleranza
A volte sul corpo del condensatore compaiono le lettere maiuscole M,K,J.
Escludi sempre che possano rappresentare i multipli Mega o Kilo.
Rappresentano invece la tolleranza ovvero "l'errore" commesso dal
costruttore:
M = tolleranza minore del 20%
K = tolleranza minore del 10%
J = tolleranza minore del 5%

Esempio
nell'immagine alla pagina precedente si leggono le indicazioni 50V
1000 µF(M). Si tratta dunque di un condensatore con tensione di lavoro pari
a 50V capacità 1000 µF. La lettera M indica la tolleranza 20% ovvero
l'errore massimo commesso dal costruttore nella realizzazione della
capacità.

Codice con puntino iniziale
Se su un condensatore troviamo un numero che inizia con un puntino il
valore è espresso in **microFarad** (uF). Esempio: .0047 significa 0.0047 uF
= 4.7 nF

Codice con lettera al posto del punto
Al posto della virgola è indicato il sottomultiplo che deve precedere il Farad
(F). Ad esempio:

4p7 significa 4,7pF
n47 significa 0,47nF = 470pF
4n7 significa 4,7nF
47n significa 47nF

Il piccolo "dischetto" raffigurato sopra contiene come unica indicazione
1n5.Trattasi di un condensatore i capacità 1,5 nF.
Da questa trattazione sui modi di indicare la capacità di un condensatore è

fin troppo evidente che tra le case costruttrici purtroppo si sono diffuse molteplici modalità che non possono che generare confusione se non abbiamo la possibilità di controllare il foglio dati con i dettagli tecnici relativo al condensatore stesso.

Per adesso la cosa importante è familiarizzare con i sottomultipli che in ordine crescente sono pico (p), nano (n), micro (μ oppure u).

Ricordati che per trasformare i Farad (F) in pico (p), nano (n), micro (μ oppure u) occorre moltiplicare *ossia spostare la virgola a destra* rispettivamente di 12, 9, 6 posizioni.

Esercizio 1
Compila le righe con i numeri giusti al posto dei puntini. La prima riga è un esempio:

C in F	C in pF	C in nF	C in uF
0,12	120.000.000.000	120.000.000	120.000
0,00000047			
0,0000068			
0,001			
0,0000022			

Esercizio 2
Su un piccolo condensatore ceramico a dischetto leggo il numero 333.
Come interpreti tale codice?
Rifletti e scrivi la capacità (numero e la sua unità di misura!):......................

Esercizio 3
Su un altro condensatore ceramico a dischetto leggo il numero 222.
Scrivine la capacità (numero unità di misura!):............................

Esercizio 4
Su due condensatori noto dei codici preceduti da un puntino: .047 e .0063;
Rifletti e scrivi la capacità (numero e la sua unità di misura!)del primo.....................e del secondo........................

Esercizio 5

Scrivi la capacità (numero e unità di misura) corrispondenti al codice nella prima colonna; la prima riga fornisce un esempio:

Codice	Capacità
2p2	*2,2 pF*
3p3	
4n7	
6u8	
6p8	

COLLEGAMENTO IN SERIE

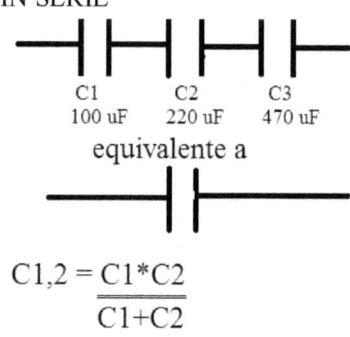

C1   C2   C3
100 uF   220 uF   470 uF

equivalente a

$$C_{1,2} = \frac{C1*C2}{C1+C2}$$

$$C_{serie} = \frac{C1,2*C3}{C1,2+C3}$$

Tale formula molto semplice comporta tuttavia N-1 calcoli dove N è il numero dei condensatori posti in serie. Esiste in *alternativa* una formula unica molto utile se disponiamo di una calcolatrice scientifica:

$$C_{serie} = \frac{1}{\frac{1}{C1} + \frac{1}{C2} + \frac{1}{C3}}$$

Esaminando le formule diviene evidente che il collegamento in serie dei condensatori **riduce** la capacità equivalente. *Le formule per il calcolo ricordano la resistenza equivalente al parallelo di più resistori. Attenzione a non fare confusione!*

Esercizio 6
Calcola la capacità equivalente dei tre condensatori della figura precedente.

Calcola la capacità equivalente di 4 condensatori collegati in serie aventi tutti la stessa capacità di 3300 uF.

Disponi soltanto di condensatori da 1000 uF mentre vuoi ottenere una capacità equivalente a 250 uF. Sapresti *disegnare* il collegamento tra più condensatori da 1000 uF utile per ottenere una capacità totale equivalente da 250 uF?

Calcola la capacità equivalente di 10 condensatori collegati in serie aventi tutti la stessa capacità di 6800 nF.
Suggerimento: prima di lanciarti in numerosi e lunghi calcoli ti informo che ogni volta che devi applicare la formula Cserie a tanti condensatori di *identica capacità potresti ottenere il risultato in modo ultrarapido con la formula:*

$$C_{serie} = \frac{C}{N} \quad \text{dove N è il numero dei condensatori tutti di capacità C}$$

COLLEGAMENTO IN PARALLELO

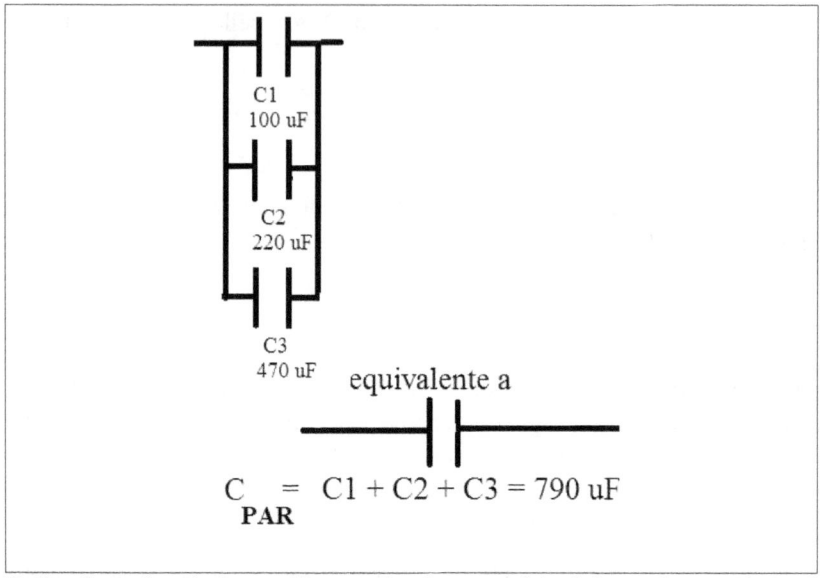

equivalente a

$$C_{PAR} = C1 + C2 + C3 = 790 \text{ uF}$$

Dalla formula risulta evidente che le capacità dei condensatori nel collegamento in parallelo si sommano. Ciò risulta assai utile quando dobbiamo aumentare la capacità equivalente. Non dobbiamo interrompere il circuito per inserire ulteriori componenti o sostituire il condensatore ma semplicemente aggiungere in parallelo ad esso altri condensatori.

Esercizio 7
Disegna il gruppo di condensatori in parallelo la cui capacità equivalente sia 6600 nF. I valori di capacità di cui disponi sono: 1000 nF, 2200 nF, 3300 nF; rifletti sul fatto che probabilmente le soluzioni possibili sono più di una......

COLLEGAMENTI MISTI

Se in un circuito i condensatori sono collegati sia in serie (uno di seguito all'altro) che in parallelo (terminali uniti a due a due) è evidente che dobbiamo combinare le due formule Cserie e Cpar.
Vediamo un esempio con la figura alla pagina successiva.

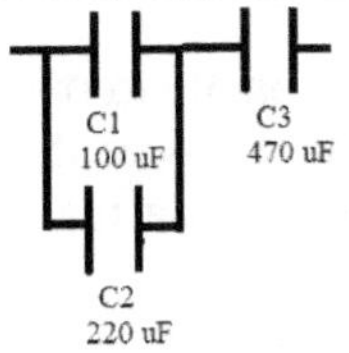

C1
100 uF

C3
470 uF

C2
220 uF

C1 e C2 sono in parallelo dunque hanno capacità equivalente Cpar = C1,2 =
= 100 + 220 = 320 uF

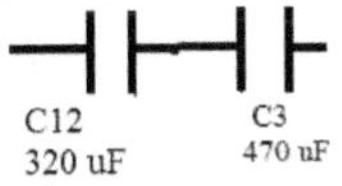

C12
320 uF

C3
470 uF

Naturalmente possiamo osservare che C12 ora è in serie con C3.
Applichiamo la formula:

$$C1,2,3 = \frac{320 \times 470}{320 + 470} = \frac{150400}{590} = 254,92 \text{ dunque circa } 255 \text{ uF}$$

Esercizio 8

Disegna il collegamento (serie, parallelo oppure misto) dei condensatori in modo da ottenere una capacità equivalente pari a quella indicata nella I colonna della tabella. I condensatori a tua disposizione hanno capacità in uF:

1000-1500-2200-3300-4700-6800

Capacità	Collegamento
500 uF	
10000 uF	
1100 uF	
3900 uF	
750 uF	

IL CONDENSATORE IN CONTINUA: IL TRANSITORIO DI CARICA

Il condensatore viene utilizzato come una specie di *memoria*. Esso infatti presenta un'*inerzia ovvero oppone un certo ostacolo quando viene sollecitato con un gradino di tensione*. Un gradino di tensione descrive una tensione che istantaneamente passa da 0 ad un valore fisso positivo (es. 10V): la figura seguente mostra un esempio di gradino di tensione:

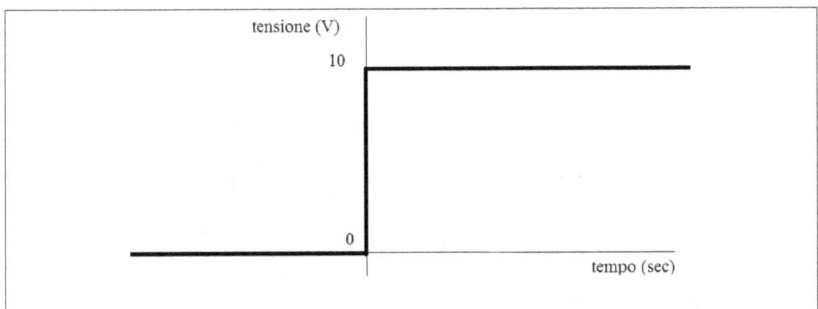

Osserviamo il circuito alla pagina seguente (immagine A): il condensatore è del tutto scarico (0 Volt tra i suoi terminali) , la tensione rimarrà 0 V fintantoché manterremo aperto l'interruttore.

Ma se ad un certo istante che possiamo chiamare istante 0 chiudiamo l'interruttore nel circuito contenente il condensatore e la batteria da 10 V (sostituibile con un alimentatore regolato su 10 V) osserveremo i seguenti fenomeni:

- all'istante 0 secondi circolerà una corrente *massima* pari a *V/R* dove R è la resistenza in serie al condensatore (dovremo necessariamente inserirla per limitare il picco di corrente ed evitare di danneggiare il circuito!); con i nostri dati V = 10 Volt, R vale 1000 Ohm la corrente in tutto il circuito varrà 10/1000 A cioè 0,001 A; il condensatore infatti è del "tutto scarico" cioè rappresenta un serbatoio di cariche elettriche completamente vuoto; in tale situazione tutta la tensione di alimentazione si stabilirà ai capi del resistore.

- al trascorrere del tempo il condensatore accumulerà cariche elettriche e si stabilirà ai suoi terminali una tensione via via crescente. Contemporaneamente calerà la corrente del circuito.

- A partire da un certo istante tutta la tensione di alimentazione cadrà ai capi del condensatore C mentre nulla sarà la corrente circolante nel circuito; itensione ai capi del resistore R sarà nulla.

Quello che abbiamo appena descritto si chiama *transitorio di carica*.

Misurando corrente e tensione in ogni istante del nostro esperimento fino alla carica completa del nostro condensatore otterremo il grafico sottostante lo schema del circuito (immagine B).

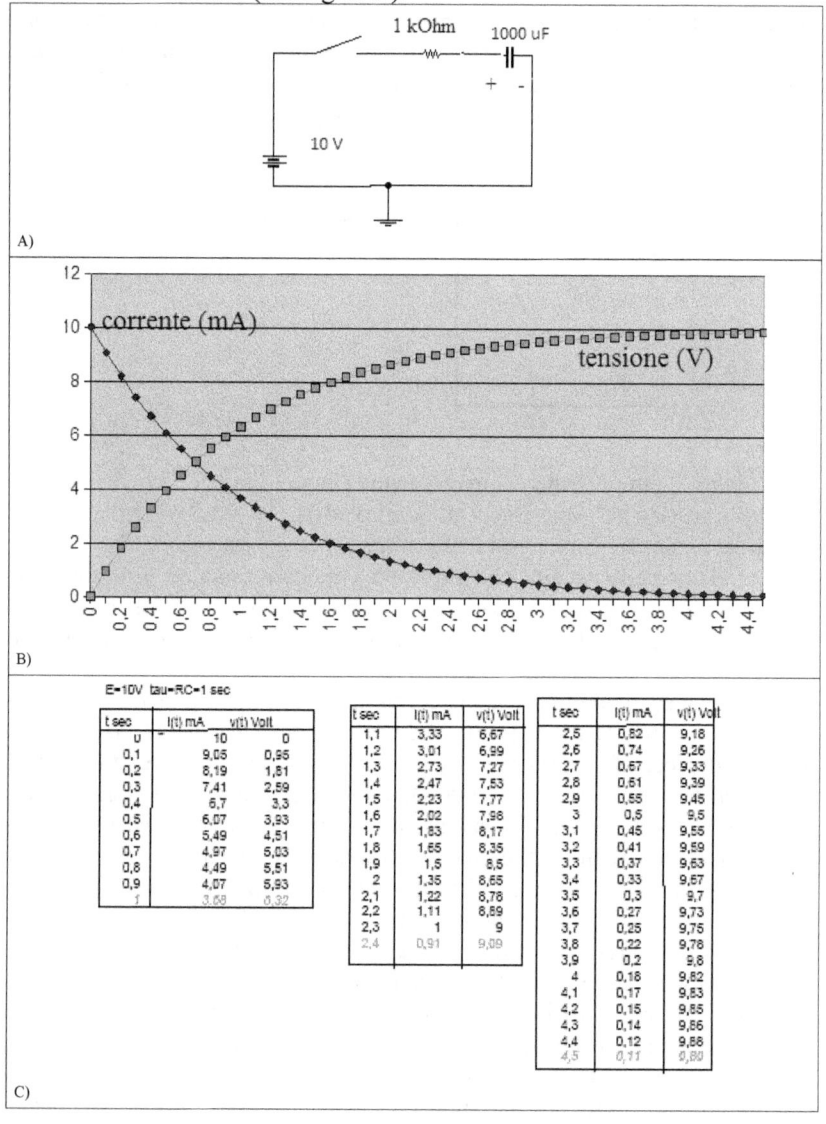

A)

B)

C)

E=10V tau=RC=1 sec

t sec	I(t) mA	v(t) Volt
0	10	0
0,1	9,05	0,95
0,2	8,19	1,81
0,3	7,41	2,59
0,4	6,7	3,3
0,5	6,07	3,93
0,6	5,49	4,51
0,7	4,97	5,03
0,8	4,49	5,51
0,9	4,07	5,93
1	3,68	6,32

t sec	I(t) mA	v(t) Volt
1,1	3,33	6,67
1,2	3,01	6,99
1,3	2,73	7,27
1,4	2,47	7,53
1,5	2,23	7,77
1,6	2,02	7,98
1,7	1,83	8,17
1,8	1,65	8,35
1,9	1,5	8,5
2	1,35	8,65
2,1	1,22	8,78
2,2	1,11	8,89
2,3	1	9
2,4	0,91	9,09

t sec	I(t) mA	v(t) Volt
2,5	0,82	9,18
2,6	0,74	9,26
2,7	0,67	9,33
2,8	0,61	9,39
2,9	0,55	9,45
3	0,5	9,5
3,1	0,45	9,55
3,2	0,41	9,59
3,3	0,37	9,63
3,4	0,33	9,67
3,5	0,3	9,7
3,6	0,27	9,73
3,7	0,25	9,75
3,8	0,22	9,78
3,9	0,2	9,8
4	0,18	9,82
4,1	0,17	9,83
4,2	0,15	9,85
4,3	0,14	9,86
4,4	0,12	9,88
4,5	0,11	9,89

Osserviamo attentamente i dati del grafico o, in alternativa, nella tabella (immagine C).

Il "ramo" che a partire da quota 10 va verso lo 0 è la corrente mentre quello che sale da 0 fino a 10 è la tensione. I valori sull'asse delle ordinate rappresentano i mA per la corrente e i Volt per la tensione.

Quanto dura il cosiddetto transitorio di carica? Quanto tempo è necessario affinché il condensatore raggiunga 10 V e contemporaneamente la corrente si annulli?

Nel nostro esempio 4,5 secondi. Possiamo tuttavia constatare facendo esperimenti e variando i valori di R e di C che il tempo per la carica completa di un condensatore completamente scarico è

durata_del_transitorio = 4,5 x·tau = 4,5 x·R x C

In altre parole la durata del transitorio dipende dal parametro **tau** che chiameremo **costante di tempo** e che corrisponde al prodotto RC; *tau* si misura in secondi se la capacità C è espressa in Farad (F) e R in Ohm (Ω). Nel nostro esempio tau = 1000 u x 1 k = 1000 $\cdot 10^{-6} \cdot 10^{3}$ = 1 secondo.

Se desideriamo aumentare la durata del transitorio possiamo aumentare C oppure R prestando sempre attenzione ai valori massimi di corrente che il nostro circuito deve poter tollerare. E' sempre bene inoltre accertarsi che il condensatore abbia tensione di lavoro superiore a quella di alimentazione del circuito.

Esercizio 9

Desideriamo *raddoppiare* la durata del transitorio del circuito appena studiato. Abbiamo a disposizione solo resistori da 1kOhm e condensatori da 1000 uF. Come possiamo ottenere ciò? Rifletti e disegna il nuovo circuito. *Suggerimento: pensa a cosa accade quando colleghi in serie o parallelo resistori e condensatori; le soluzioni possibili sono molteplici.*

Desideriamo ora *dimezzare* la durata del transitorio del circuito studiato in precedenza. Abbiamo a disposizione solo resistori da 1kOhm e condensatori da 1000 uF. Disegna il nuovo circuito.

IL CONDENSATORE IN CORRENTE CONTINUA: IL TRANSITORIO DI SCARICA

Continuiamo a osservare il nostro circuito RC cioè resistenza e condensatore posti in serie e collegati all'alimentatore dallo switch. Compreso che, terminato il transitorio di carica ovvero dopo *4,5·x tau*, la corrente si annulla mentre ai capi del condensatore si è stabilita la tensione di alimentazione, *cosa avviene se riapriamo l'interruttore S1?*
Teoricamente il condensatore, trovandosi isolato cioè scollegato dall'alimenazione , manterrà indefinitamente ai suoi capi la tensione accumulata in precedenza. In realtà dopo qualche tempo si scaricherà.
In ogni caso ciò che è rilevante è che il condensatore può, in assenza di alimentazione, divenire esso stesso una fonte di energia fornendo tensione ad un carico. Pensiamo all'inconveniente di un blackout ad esempio nel circuito che alimenta un server. Per qualche minuto se avremo creato una capacità adeguata ponendo in parallelo diversi condensatori di elevata capacità potremo far fronte all'assenza di alimentazione.
Quanto dura il transitorio di scarica del condensatore ovvero l'intervallo di tempo trascorso il quale la tensione ai capi del componente si annulla?
Ovviamente dipende dal carico. Maggiore è la corrente richiesta da una lampada a incadescenza, da un led, ecc. minore sarà la durata del transitorio.
Se Rcarico è la resistenza del componente alimentato "in emergenza" dal nostro condensatore di capacità C avremo:
durata_transistorio_di_scarica = 4,5 x Rcarico x C
Ecco un esempio di condensatore precedentemente caricato che può alimentare una lampadina a incandescenza per qualche istante:

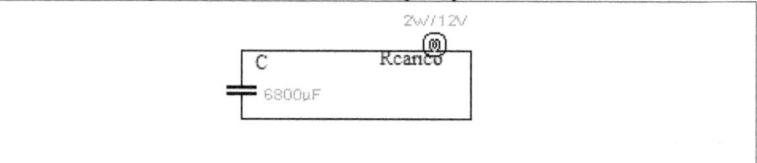

Esercizio 10

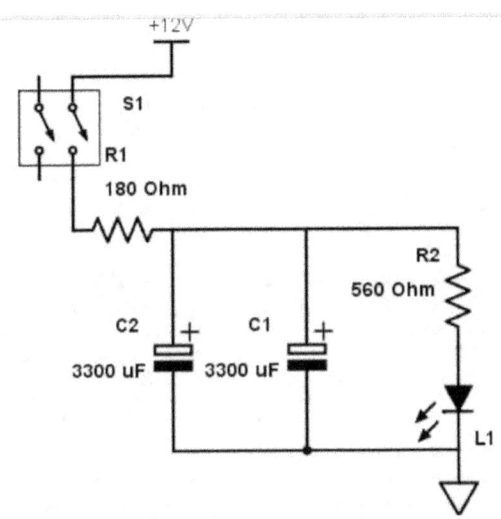

Osserva il circuito sopra. I condensatori elettrolitici C1 e C2 sono inizialmente scarichi cioè la tensione ai loro capi è 0 Volt;
all'istante 0 secondi chiudiamo lo switch S1 e inizierà dunque un transitorio di carica dei due condensatori collegati in parallelo.
Il led L1 si illuminerà in misura via via crescente fino a raggiungere il massimo dopo pochi istanti.
Cosa accadrebbe se decidessimo di riaprire lo switch S1?

Quanto vale la costante di tempo nel transitorio di scarica?

Quanto dura il transitorio di scarica?

Scrivi il codice colori delle resistenze del circuito con tolleranza 10%:

180 Ohm:

560 Ohm:

Realizza lo schema di montaggio su breadboard:

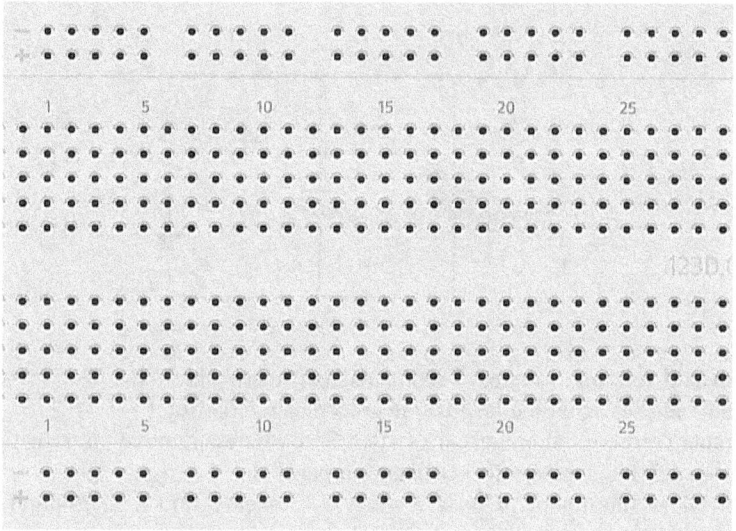

Procurati i componenti e ricorda di chiudere i terminali del condensatore su una resistenza di potenza adeguata per scaricare il condensatore eliminando l'eventuale carica residua. Realizza il circuito e testalo alla presenza dell'insegnante.

IL FORMATORE DI RITARDO

Il circuito alla pagina successiva consente l'accensione ritardata di circa 4 minuti di un diodo led . Funziona in modo simile ad un semaforo pedonale a richiesta che ci consente di attraversare la strada trascorso un certo tempo dall'istante in cui abbiamo premuto il pulsante posto sul marciapiede.
Se 4 minuti ci sembrano eccessivi possiamo sostituire il resistore da 110

kOhm potenziometro cioè un resistore di valore ohmico regolabile con una manopola.

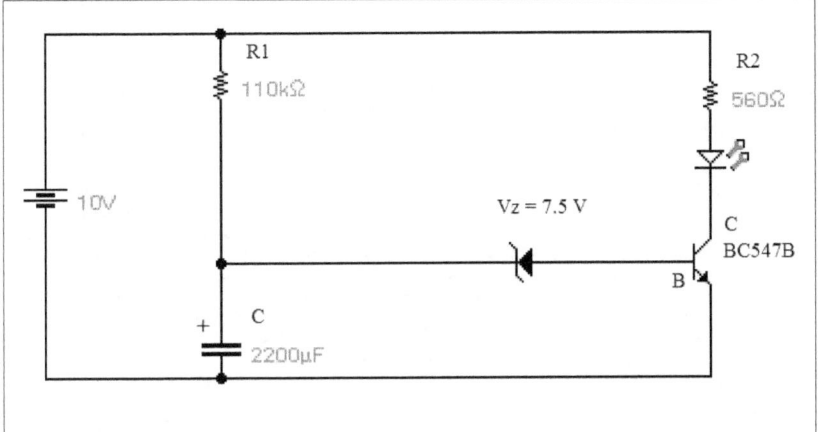

Il componente a forma di freccia si chiama *diodo zener*; lo studieremo nel dettaglio il prossimo anno; per ora ti basti sapere che "blocca" la corrente se la tensione applicatagli è inferiore a 7,5 V. il componente con sigla BC547B è invece un bjt e funziona come interruttore.
La costante di tempo *tau* vale:
$$tau = R \ x \ C == 110 \ x \ 10^3 \ x \ 2200 \ x \ 10^{-6} = 242 \text{ secondi (4 minuti circa)}$$
dunque il condensatore inizialmente scarico per raggiungere la soglia di 7,5 Volt impiegherà un tempo di poco superiore ai 4 minuti trascorsi i quali sia il diodo zener che il bjt "si chiuderanno" come interruttori consentendo il passaggio di corrente e l'accensione del led.
Per spegnerlo occorrerrà distaccare l'alimentazione. A quel punto il led rimarrà acceso per la durata del transitorio di scarica.

Esercizio 11

Con i componenti che ti consegnerà l'insegnante esegui il montaggio su breadboard del circuito (formatore di ritardo) analizzato nel paragrafo precedente. Presta molta attenzione a come riconoscere i diversi terminali dei due "interruttori" (diodo Zener e bjt). Successivamente testa il circuito e misura con un cronometro: il tempo di ritardo nell'accensione del led, il tempo in cui il led rimane acceso una volta distaccata l'alimentazione.

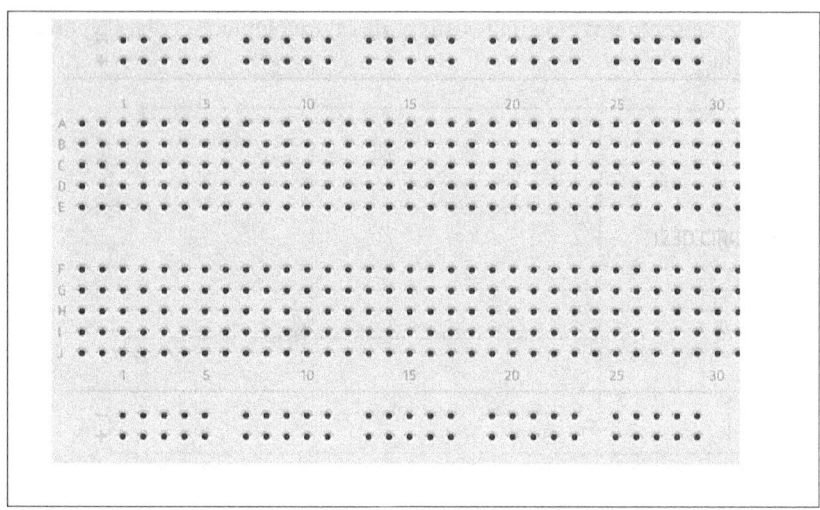

Esercizio 12

Desideriamo realizzare un lampeggiatore utilizzando: un relè, led protetto da una resistenza limitatrice di corrente, un'ulteriore resistenza e un condensatore.

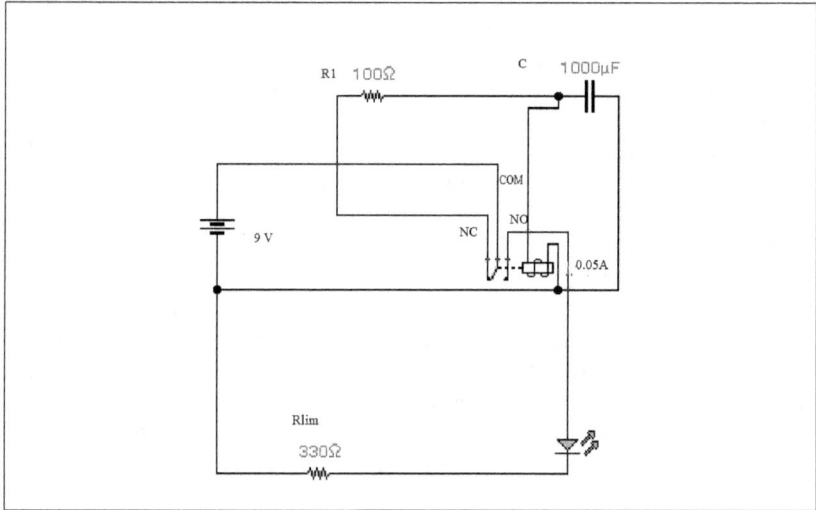

Il condensatore C viene montato inizialmente scarico. Negli istanti iniziali il led sarà spento poiché collegato al contatto normalmente aperto (NO) del relè. Il contatto NC è invece connesso alla resistenza R2 e al condensatore C che dunque inizierà a caricarsi attraverso la batteria da 9 V collegata al contatto COM. Questo è il circuito equivalente relativo al transitorio di carica essendo la parte restante di fatto "scollegata":

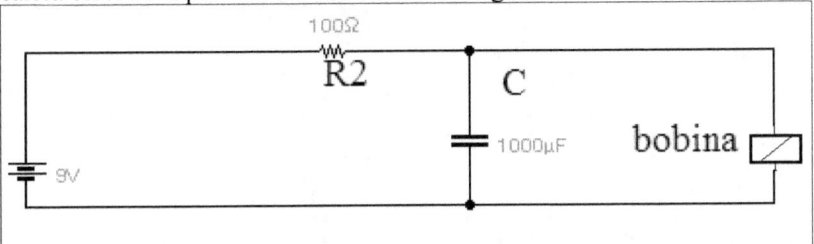

Una volta che il condensatore ha raggiunto la tensione di lavoro della bobina (cioè il valore sufficiente a farle commutare tutti i contatti) il comune "toccherà" il contatto NO (normally open) dunque il led si troverà collegato ai 9 V e dunque si accenderà. La situazione rimarrà tale per i brevi istanti nei quali la bobina verrà alimentata dal condensatore che tuttavia inizierà a scaricarsi. Questo il circuito equivalente:

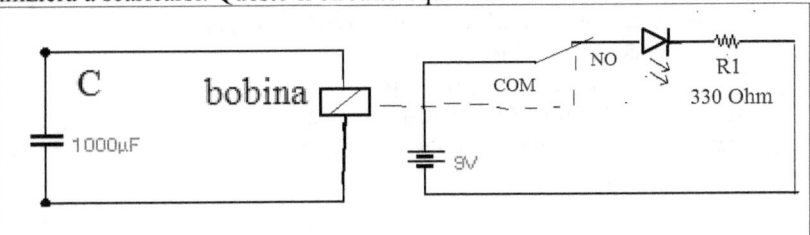

Di fatto continueranno ad alternarsi le attivazioni e disattivazioni del relè e dunque del led che risulterà pertanto *lampeggiante*.
Ora tocca a te!
Monta il circuito su breadboard e testane il funzionamento. Innanzitutto fai lo schema di montaggio nella breadboard riprodotta alla pagina seguente.

83

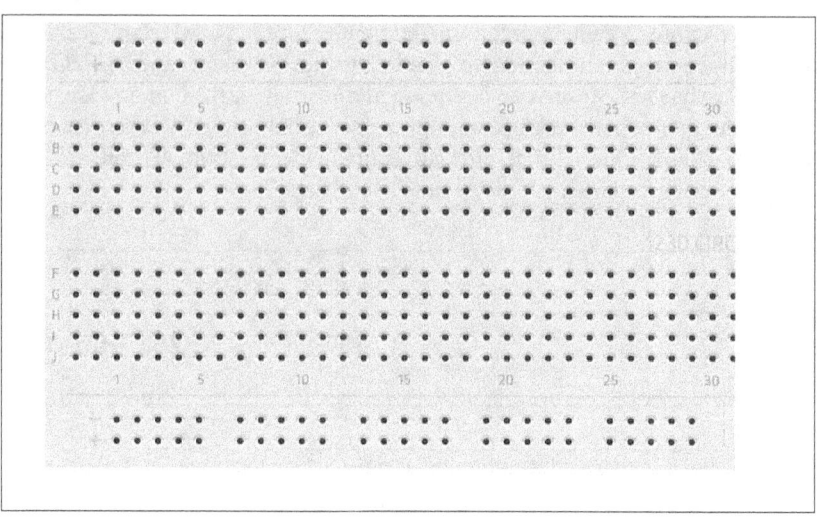

Bibliografia e fonti delle immagini

https://www.tedss.com/LearnMore/Computer-Grade-Capacitors
https://en.wikipedia.org/wiki/Capacitor
http://www.electricaltechnology.org/wp-content/uploads/2013/06/125386940-Copy.png
http://www.argaudio.it/index_file/Page2678.htm

RISOLVERE UN CIRCUITO

Indice del modulo

CIRCUITI LINEARI

Il resistore è un esempio di componente lineare perché ha un comportamento *prevedibile*: la corrente che vi circola aumenta con la tensione che ne rappresenta la causa.

Anche se abbiamo molteplici resistori collegati nei modi più diversi e diversi generatori di tensione possiamo, facendo numerosi ma semplici calcoli, conoscere tensione e corrente su ogni elemento.

Non tutti i componenti hanno un comportamento lineare; i diodi led o i transistori bipolari (detti anche BJT) e più in generale tutti i dispositivi a *semiconduttore* (il silicio è un esempio di semiconduttore da cui l'espressione *silicon valley*) sono esempi di componenti non lineari.

La loro corrente *non* è la soluzione di un sistema di equazioni di I grado a coefficienti costanti.

I condensatori e gli induttori (la bobina di un relè per esempio) sono anch'essi lineari tuttavia le leggi fisiche che ne descrivono il comportamento *conducono alla scrittura di un sistema di equazioni di " difficile" soluzione in quanto differenziali* e che sono oggetto di studi universitari.

Pensiamo al condensatore: è in grado di immagazzinare carica elettrica e per questo rappresenta una *memoria*. Ciò implica che se vogliamo calcolare la tensione ai capi di un condensatore dobbiamo conoscere le sue *condizioni elettriche iniziali* ovvero il "suo passato".

Il nostro resistore di valore ohmico R non risente delle tensioni o delle correnti subite nel passato e la sua *corrente* in un certo istante *dipende soltanto dalla tensione* presente nello stesso istante.

Il valore di R che abbiamo imparato a ricavare ad esempio con il codice colori dipende dalle caratteristiche costruttive del componente. In particolare *R aumenta* se:

- – 1) aumentiamo la lunghezza del resistore.
- – 2) diminuiamo la sezione del resistore.
- – 3) aumenta all'aumentare della temperatura; siccome la variazione è ridotta nei circuiti elettronici che studieremo trascureremo cioè non ci preoccuperemo di questo effetto.

Questi tre fattori che influenzano il valore di R vengono attentamente valutati dal progettista di impianti elettrici. Ad esempio se la resistenza dell'impianto è troppo alta poiché i cavi sono molto lunghi egli può decidere di aumentare la sezione dei cavi.

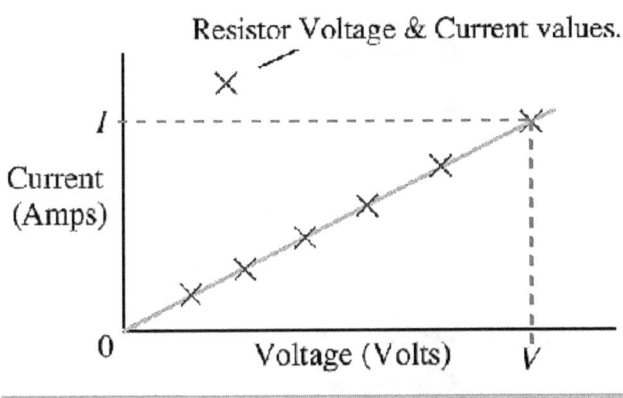

La legge di Ohm afferma che un qualunque resistore ha un comportamento lineare. Con ciò intendiamo dire che se rappresentiamo, come nell'immagine sopra, i valori misurati di corrente I e tensione U ai capi di un resistore in tante diverse situazioni operative (ad esempio variando la tensione dell'alimentatore) otterremo un insieme di punti disposti lungo una *retta*. La resistenza R in Ohm determina la *pendenza* della retta: tanto più è elevata quanto più "inclinata" verso destra sarà la nostra retta.

La legge di Ohm può essere formulata così:

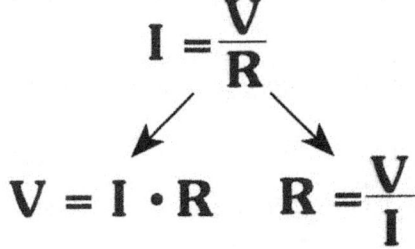

$$I = \frac{V}{R}$$

$$V = I \cdot R \qquad R = \frac{V}{I}$$

I = Current in Amps
V = Voltage in Volts
R = Resistance in Ohms

Dunque in base alla legge di Ohm se conosco due grandezze elettriche qualsiasi tra I, R e V allora posso determinare con certezza la terza.

La corrente I in Ampere è data dalla tensione V in Volt divisa per il valore in Ohm della resistenza R. I e V sono direttamente proporzionali cioè se V aumenta aumenta anche I.

R rimane costante (se la temperatura non varia) anche al variare di V e I cioè dividendo V per I ritroverò sempre lo stesso valore di R.

Esercizio 1
Misuriamo su 1kOhm una tensione da 2 V. Quanto vale la corrente?

Misuriamo su 1,8 kOhm una corrente da 10 mA. Quanto vale la tensione?

Un resistore di valore ohmico non noto è percorso da 0,5 A. La tensione ai suoi capi è 30 V. Quanto vale la resistenza?

Decidiamo di dimezzare la resistenza di un componente mantenendo invariata la tensione ai suoi capi.
Come si modificherà la corrente?
Tale corrente in precedenza valeva 1 A. Calcolane il nuovo valore.

Esercizio 2
Indica se le seguenti affermazioni sono vere oppure false:

R aumenta all'aumentare della temperatura...V F
Nota R posso calcolare sia I che U   V F
Note R e I posso calcolare U   V F
Note due grandezze qualsiasi tra I, U ed R posso calcolare la terza   V F
I e R sono direttamente proporzionali   V F
se U e I si dimezzano R rimane inalterata   V F
se U raddoppia e R non cambia allora I si dimezza   V F
se R è 2 kOhm e U è 2 Volt la corrente è 1 A   V F
se raddoppio, in un qualsiasi circuito, il valore di una resistenza   V F
allora tutte le correnti del circuito si dimezzeranno
se misuro per un resistore 4 V e 2 mA allora ne deduco 2000 Ohm   V F
se misuro per un resistore 4 V e 2 mA allora ne deduco 2 kOhm   V F

IL GRANDE INGANNO

Puoi pensare che la legge di Ohm sia estremamente utile. E infatti lo è!
Tuttavia non chiederle di fare miracoli. Se, come normalmente avviene, il generatore di tensione non alimenta un singolo resistore ma più resistori, non puoi sperare di calcolare tutte le correnti *immediatamente dividendo i Volt forniti dal generatore per gli Ohm che hai dedotto, ad esempio, con il codice colori.* Se non vuoi usare il multimetro per accertare la caduta di tensione ai capi di un certo componente allora dovrai applicare il metodo dei circuiti equivalenti prima di precipitarti ad applicare la legge di Ohm.
La figura sottostante mostra un ragionamento errato. E allora come fare?

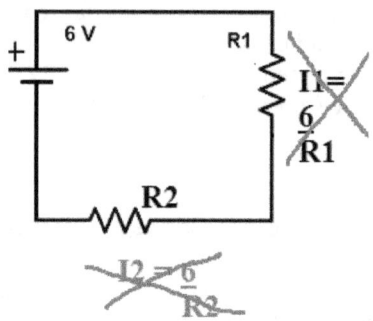

Lo vediamo nel prossimo paragrafo.

RISOLVERE CON IL METODO DEI CIRCUITI EQUIVALENTI

Un circuito contenente un solo generatore di tensione (o anche più generatori collegati *in serie*) e resistori collegati in modo misto ovvero in presenza di collegamenti serie e parallelo può essere risolto con il *metodo dei circuiti equivalenti*. Per applicarlo correttamente devi ricordare che:

  − le resistenze in serie equivalgono alla loro somma Rserie. R serie è equivalente alle altre perchè la corrente è la stessa;

  − le resistenze in parallelo equivalgono a Rpar (formula a pagina . R serie è equivalente alle altre perchè la corrente è la stessa;

passo 1) Conoscendo le resistenze equivalenti alla serie e al parallelo ridisegneremo lo schema che, dopo ogni calcolo, risulterà via via sempre più semplificato. Giungeremo ad un ultimo schema contenente soltanto un generatore di tensione U e una resistenza che rappresenterà la resistenza totale equivalente a tutte quelle presenti nel circuito. La chiameremo Rtot.

passo 2) Applicheremo (senza possibilità di sbagliare!) la legge di Ohm all'ultimo circuito e calcoleremo la corrente I uscente dal polo positivo del generatore.

$I = \dfrac{U}{Rtot}$

Ho scritto senza alcuna ironia che non possiamo sbagliarci perché in presenza di <u>un'unica</u> resistenza, ai suoi capi non può che stabilirsi la tensione di alimentazione U.

Invece di fronte al circuito iniziale contenente tante resistenze non possiamo conoscere il valore della tensione ai loro capi. *L'errore tipico del principiante è applicare la tensione del generatore a tutte le resistenze presenti nel circuito.*

Insisto: il passo 1) non si può evitare.

Riassumo nell'immagine seguente i passi 1) e 2).

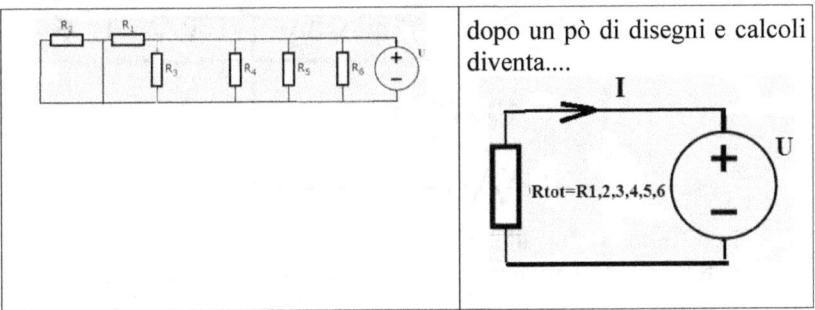

dopo un pò di disegni e calcoli diventa....

passo III) *A ritroso* dobbiamo procedere dall'ultimo circuito, di cui conosciamo I, fino al primo.

I caso. Se Rtot è la Rserie del *penultimo* circuito allora significa che due o più resistenze del penultimo circuito sono percorse dalla stessa corrente I.

Per calcolarne la tensione basterà moltiplicare la I per il valore in Ohm delle resistenze stesse.

II caso. Se invece Rtot è la Rpar del *penultimo* circuito allora significa che due o più resistenze del penultimo circuito hanno la stessa tensione U del generatore.

Per calcolare la corrente di ciascuna delle resistenze in parallelo del penultimo circuito dobbiamo dividere U per il valore in Ohm delle singole resistenze.

Sia nel caso 1 che nel caso 2 dopo semplici calcoli conosceremo i valori di tutte le correnti e le tensioni del *penultimo* circuito.

passo IV) Passa dal penultimo circuito al terzultimo ripetendo i ragionamenti e i calcoli del passo precedente. Procedi in questo modo fino a giungere al circuito iniziale. Terminati i calcoli avrai risolto il circuito

91

ovvero conoscerai corrente e tensione in qualunque punto. Esempio

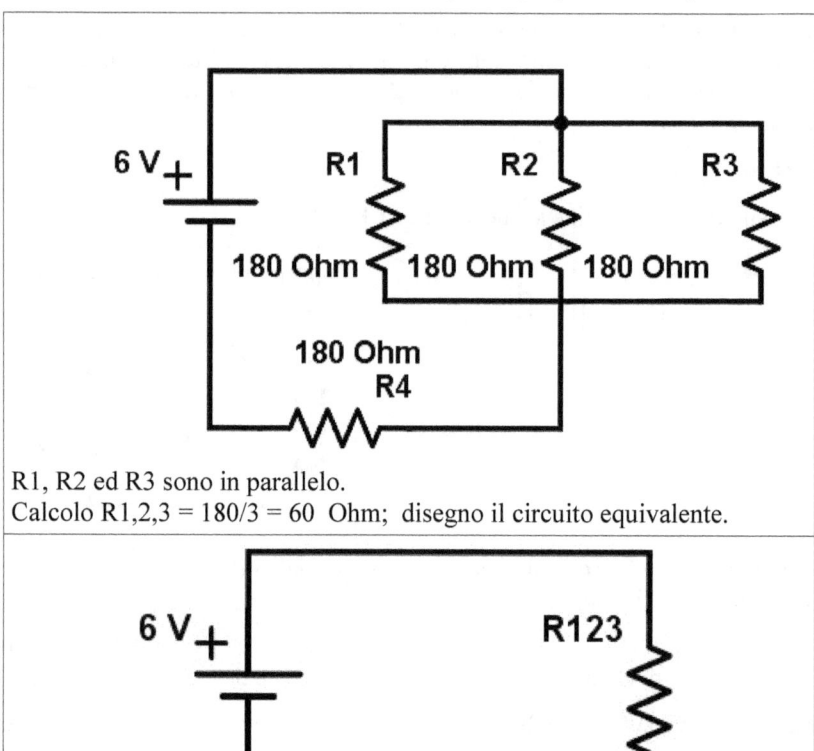

R1, R2 ed R3 sono in parallelo.
Calcolo R1,2,3 = 180/3 = 60 Ohm; disegno il circuito equivalente.

Ora noto invece che R1,2,3 ed R4 sono in serie.
Calcolo R1,2,3,4 = 60 + 180 = 240 Ohm; disegno il circuito equivalente.

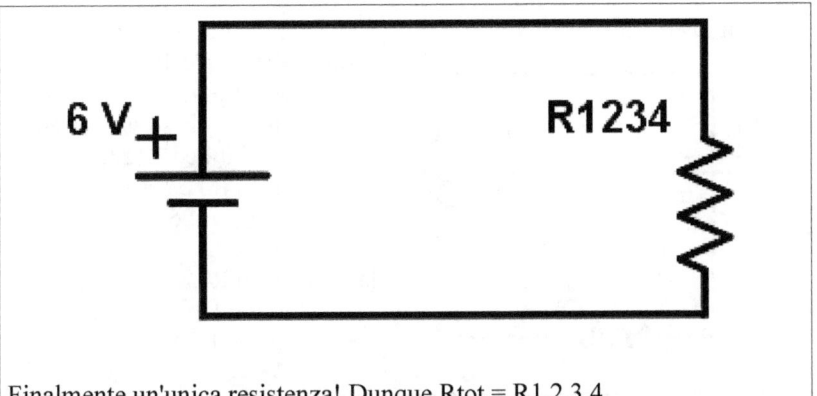

Finalmente un'unica resistenza! Dunque Rtot = R1,2,3,4.
Posso calcolare la corrente I che esce dal polo + della pila. I = 6/240 =
0,025 A = 25 mA.

Abbiamo terminato il I e il II passo.
Ora dobbiamo procedere all'indietro come i "gamberi". Osserva i diversi
passaggi alla pagina seguente.

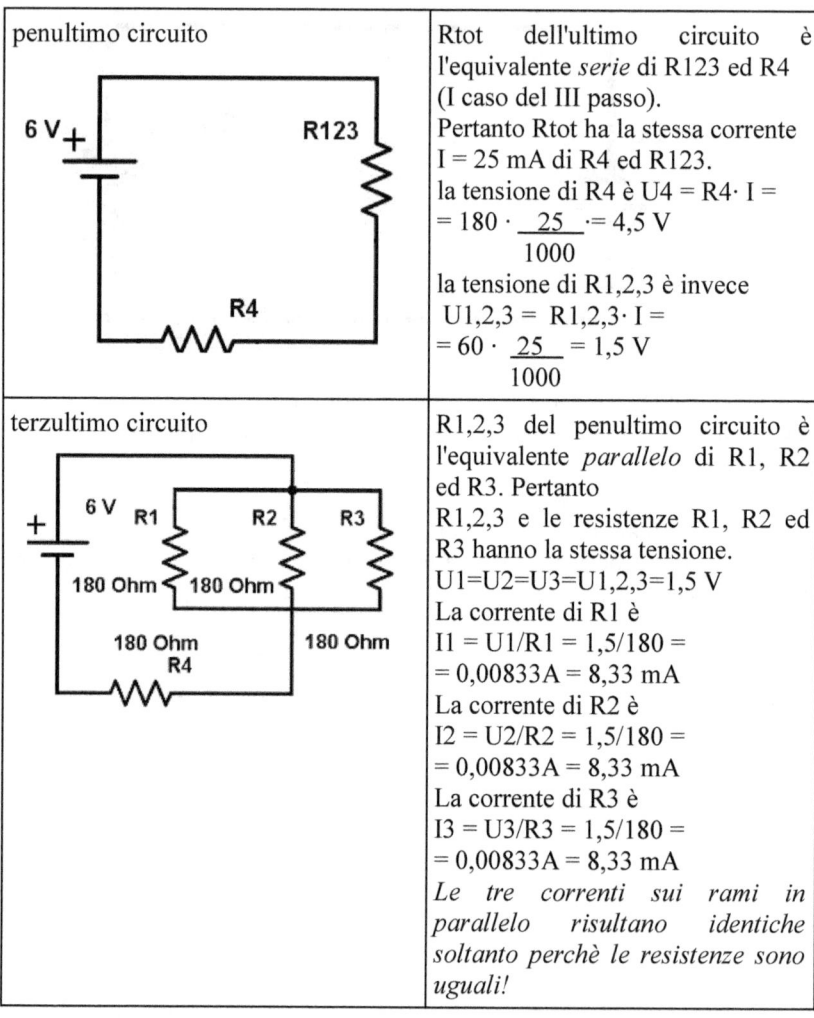

penultimo circuito	Rtot dell'ultimo circuito è l'equivalente *serie* di R123 ed R4 (I caso del III passo). Pertanto Rtot ha la stessa corrente I = 25 mA di R4 ed R123. la tensione di R4 è U4 = R4· I = $= 180 \cdot \dfrac{25}{1000} \cdot = 4,5 \text{ V}$ la tensione di R1,2,3 è invece U1,2,3 = R1,2,3· I = $= 60 \cdot \dfrac{25}{1000} = 1,5 \text{ V}$
terzultimo circuito	R1,2,3 del penultimo circuito è l'equivalente *parallelo* di R1, R2 ed R3. Pertanto R1,2,3 e le resistenze R1, R2 ed R3 hanno la stessa tensione. U1=U2=U3=U1,2,3=1,5 V La corrente di R1 è I1 = U1/R1 = 1,5/180 = = 0,00833A = 8,33 mA La corrente di R2 è I2 = U2/R2 = 1,5/180 = = 0,00833A = 8,33 mA La corrente di R3 è I3 = U3/R3 = 1,5/180 = = 0,00833A = 8,33 mA *Le tre correnti sui rami in parallelo risultano identiche soltanto perchè le resistenze sono uguali!*

Bene il terzultimo circuito era proprio quello iniziale: effettivamente il nostro lavoro è terminato perchè conosciamo tensione e corrente di qualunque dei resistori presenti.

Esercizio 3

Risolvi il seguente circuito mostrando chiaramente i tre passi del procedimento.
Riporta i risultati via via calcolati nella tabella:

resistenza (Ohm)	corrente (A)	tensione (V)
R1		
R2		
R3		
R4		

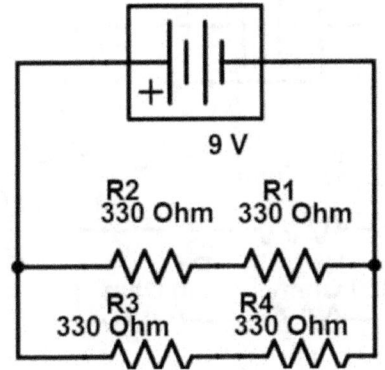

Esercizio 4
Risolvi il seguente circuito mostrando chiaramente i tre passi del procedimento.
Riporta i risultati via via calcolati nella tabella:

resistenza (Ohm)	corrente (A)	tensione (V)
R1		
R2		
R3		
R4		

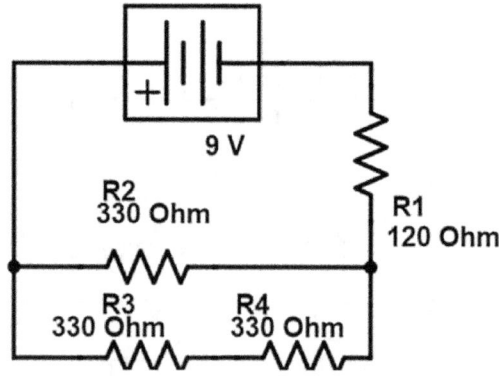

Esercizio 5
Risolvi il seguente circuito mostrando chiaramente i tre passi del procedimento.
Riporta i risultati via via calcolati nella tabella:

resistenza (Ohm)	corrente (A)	tensione (V)
R1		
R2		
R3		
R4		

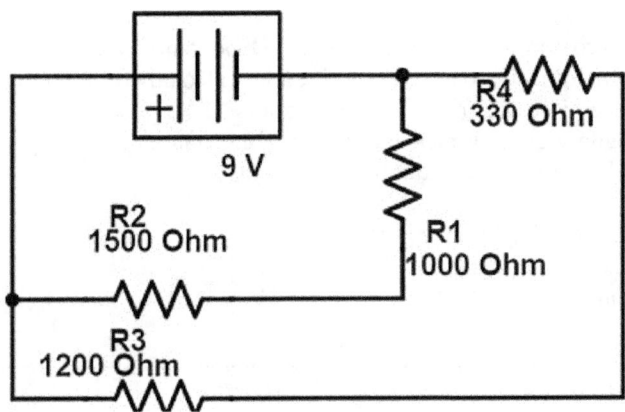

Esercizio 6

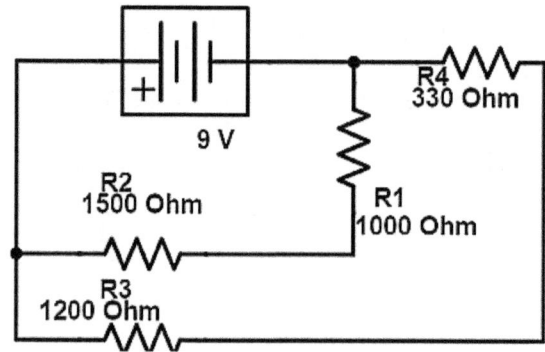

Ancora il nostro circuito dell'esercizio 5! Dopo tanti calcoli vogliamo verificare tramite misurazione se i valori teorici calcolati con il metodo dei circuiti equivalenti trovano riscontro nella realtà.
Avremo bisogno del multimetro e di un alimentatore (giusto per non consumare le batterie!) oltre naturalmente ai resistori.

Scrivi il codice colori a 4 cifre e al 5% di:

R1 = 1000 Ohm:...

R2 = 1500 Ohm:...

R3= 1200 Ohm:...

R4 = 330 Ohm:...

Fai ora lo schema di montaggio su breadboard.

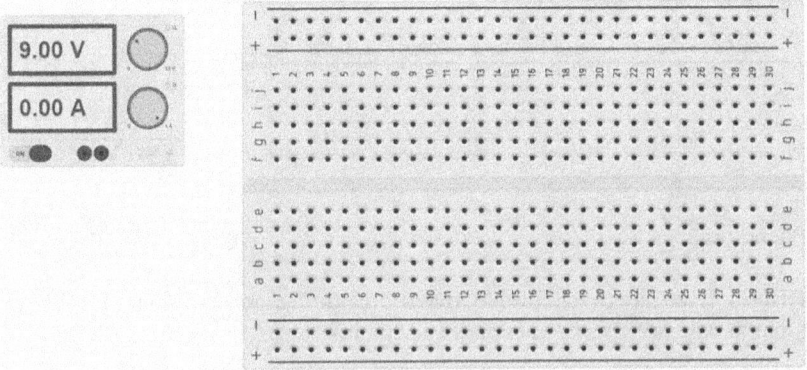

Procurati i resistori e realizza il circuito. Poi effettua tutte le misure di tensione e corrente con un multimetro a selezione di portata manuale. Riporta i valori misurati nella tabella.

resistenza (Ohm)	portata amperometrica selezionata	portata voltmetrica selezionata	corrente misurata (A)	tensione misurata (V)
R1				
R2				
R3				
R4				

Domande

Commenta i dati della tabella: i valori misurati sono identici a quelli calcolati? Le eventuali differenze a quali cause possono essere dovute?
....
Per misurare la tensione hai eseguito l'inserzione del multimetro in modo serie o parallelo?
....
Per misurare la corrente hai eseguito l'inserzione del multimetro in modo serie o parallelo?..
Esercizio 7

Risolvi il seguente circuito e determinando le correnti Ibat, I1, I2, I3.
Quanto vale la tensione ai capi di ciascun resistore?

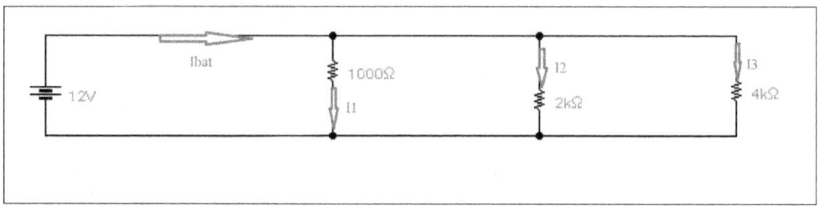

Esercizio 8

Risolvi il seguente circuito e determinando le correnti Ibat, I1, I2, I3.
Quanto vale la tensione ai capi di ciascun resistore?

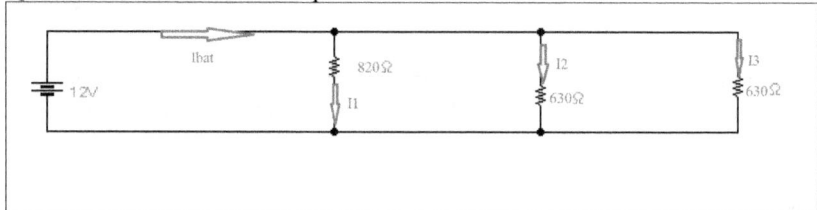

Esercizio 9

Risolvi il seguente circuito determinando corrente e tensione di ciascuna delle resistenze. Riporta i risultati nella tabella:

resistenza	corrente	tensione
4 kOhm		
2700 Ohm		
3300 Ohm		

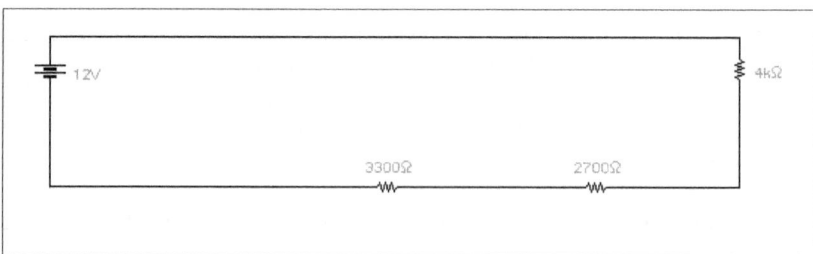

Esercizio 10

100

Risolvi il seguente circuito determinando corrente e tensione di ciascuna delle resistenze. Riporta i risultati nella tabella

resistenza	corrente	tensione
4 kOhm		
1 kOhm		
1 kOhm		

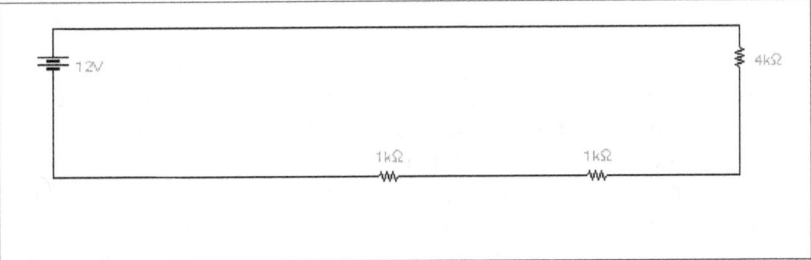

COMPONENTI NON LINEARI

Ebbene se il nostro circuito oltre a generatori di tensione e resistori contiene (rileggi il paragrafo *Circuiti lineari!) componenti non lineari* come ad esempio i diodi LED dobbiamo apportare qualche aggiustamento al nostro metodo dei circuiti equivalenti poichè i diodi LED non rispettano la legge di Ohm.
Più in generale tutti i diodi, non solo i led, non rispettano la legge di Ohm. Ma se accettiamo di determinare dei valori di tensione e corrente un pò approssimati e se semplifichiamo il complesso comportamento dei diodi possiamo comunque applicare il metodo dei circuiti equivalenti. *Semplificare* significa creare un *modello* che rispecchi abbastanza fedelmente quello del componente reale.
Guardiamo insieme la tabella alla pagina successiva.
Ci mostra come il diodo se inserito in un circuito contenente ad esempio generatori di tensione e diversi resistori si comporti *in modo "estremo"*.
In particolare se la tensione di alimentazione è sufficientemente elevata cioè superiore al valore di soglia Von (II colonna della tabella) allora *possiamo ipotizzare (ma non esserne certi!) che il diodo si comporti come una batteria di forza elettromotrice pari a Von.* Significa ad esempio che un led blu (ultima riga della tabella) può essere percorso da qualunque corrente

101

(nei limiti massimi consentiti altrimenti si distrugge!!) ma ai suoi capi io misurerò sempre circa 3 V.

Diode Type	$V_{ON}(V)$	Applications
Silicon	0.6-0.7	General; integrated circuits; switching, circuit protection, logic, rectification, etc.
Germanium	~0.3	Low-power, RF signal detectors
Schottky	0.15-0.4	Power-sensitive, high-speed switching, RF
Red LED (GaAs)	~2	Indicators, signs, color-changing lighting
Blue LED (GaN)	~3	Lighting, flashlights, indicators

In pratica conoscendo circa la Von di un diodo io posso scrivere che la tensione ai suoi capi è proprio Von. Se invece la tensione di alimentazione è inferiore a Von o se addirittura il diodo ha il catodo inserito verso il polo + del generatore e l'anodo verso il polo – io posso ragionevolmente supporre che il diodo rimarrà interdetto cioè "OFF" e, nel caso del led, "non illuminato". Significa che nel ramo in cui il diodo è inserito non potrà in alcun modo circolare una corrente di valore significativo.In effetti il diodo ha un comportamento estremo: o lascia passare qualunque corrente, mantenendo ai suoi capi una tensione fissa pari a Von,o ne blocca del tutto il passaggio, caso nel quale misureremo ai capi del diodo un valore in tensione inferiore a Von. Possiamo dire che nei due casi "estremi" il diodo somiglia rispettivamente ad una batteria di tensione Von e ad un interruttore aperto. La figura sottostante riassume un pò quanto detto.

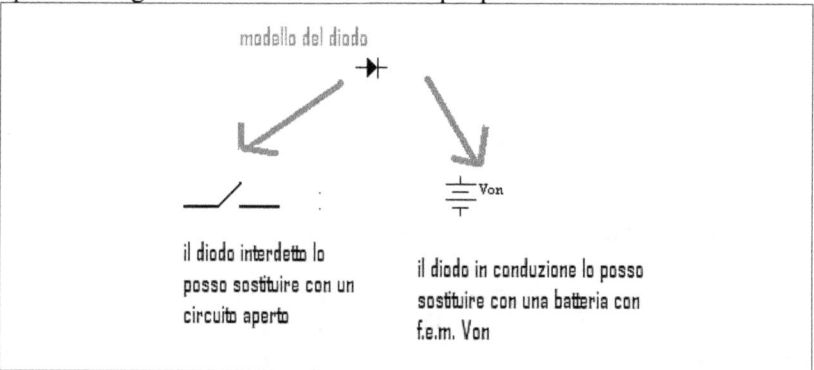

modello del diodo

il diodo interdetto lo posso sostituire con un circuito aperto

il diodo in conduzione lo posso sostituire con una batteria con f.e.m. Von

Ora, chiarito il modello semplificato del diodo torniamo al problema della risoluzione di un circuito che contenga generatori, resistori e diodi. Procederemo secondo i seguenti passi

I passo) al posto di ogni diodo sostituisco o la batteria Von o lo switch aperto (o semplicemente un'interruzione, una specie di "buco") a seconda che ipotizzi rispettivamente che il diodo conduca o sia interdetto.
II passo) applico il metodo già spiegato sui circuiti equivalenti.
III passo) osservo le correnti soluzione del mio sistema. Se la corrente circolante su un diodo ha valore negativo allora significa che la mia ipotesi era del tutto errata! Ricordiamoci che la corrente nel diodo può circolare solo dall'anodo verso il catodo mentre il valore negativo trovato con i miei calcoli sosterrebbe esattamente il contrario cioè un assurdo.
Comunque se al termine di tanti calcoli per risolvere il sistema ci accorgiamo che l'ipotesi iniziale era errata allora non succederà nulla di grave. Dovrò rifare il lavoro sostituendo questa volta al diodo un circuito aperto. Ora prova tu stesso a risolvere i circuiti con i diodi. Il valore di Von dovrai leggerlo nella tabella all'inizio di questo paragrafo.

Esercizio 11
Osserva il circuito sottostante. E' presente un interruttore a due vie.

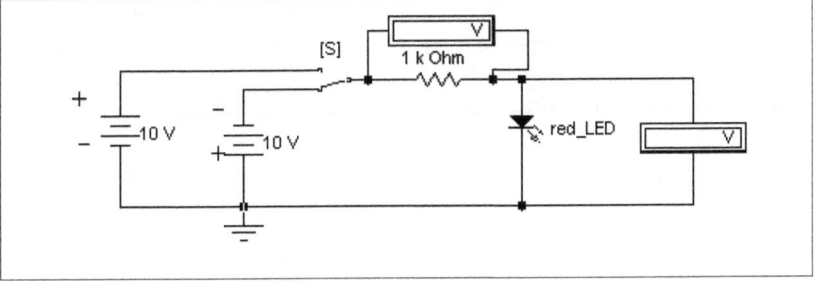

Nella posizione dello switch mostrata in figura il diodo rosso conduce oppure è interdetto?...
Giustifica la tua risposta...
Ridisegna il circuito sostituendo al led il modello equivalente

Quale tensione segnaleranno i due voltmetri? Scrivi i valori vicino ai segni grafici dei due strumenti.

Esercizio 12
Ecco il circuito della pagina precedente.

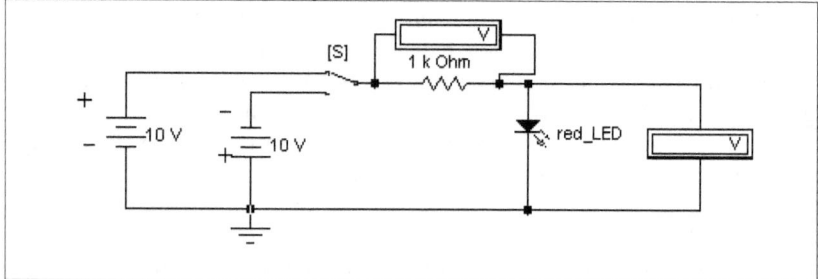

Abbiamo semplicemente cambiato la posizione dello switch S a due vie.
Il led rosso ora conduce oppure è interdetto?..
Giustifica la tua risposta...
Ridisegna il circuito sostituendo al led il modello equivalente.

Quale tensione segnaleranno i due voltmetri? Scrivi i valori vicino ai segni
grafici dei due strumenti.

Esercizio 13
Realizza il circuito che hai appena risolto e verifica dopo aver effettuato le
misure di tensione con il multimetro se i valori da te determinati nei due
esercizi precedenti erano corretti. Completa il seguente testo:
Con S connesso al polo + la tensione sul resistore da 1kOhm è....................

mentre la tensione ai capi del diodo led è..
Con S connesso al polo - la tensione sul resistore da 1kOhm è....................
mentre la tensione ai capi del diodo led è..

Esercizio 14
Osserva il circuito sottostante.

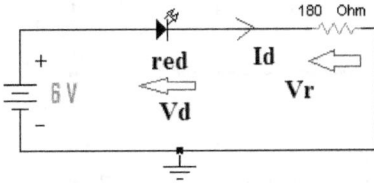

Ridisegna il circuito sostituendo al led rosso il suo modello equivalente in base all'ipotesi da te formulata.

Risolvi il circuito riportando i risultati dei tuoi calcoli nella tabella.

Id	Vd	Vr

QUANDO LA LEGGE DI OHM NON BASTA: I PRINCIPI DI KIRCHHOFF

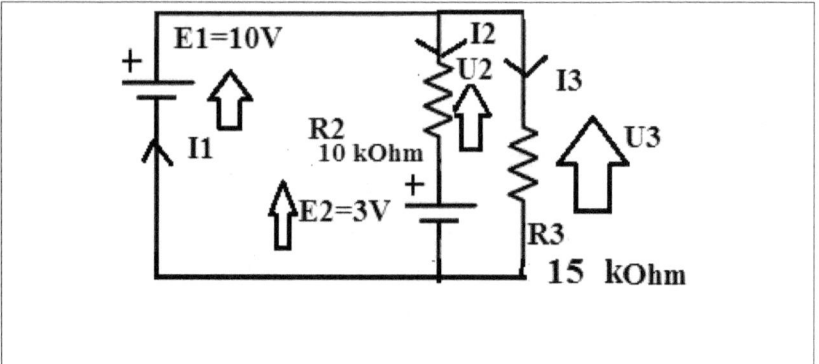

Osserviamo il circuito sopra; verrà risolto nelle pagine successive di questo stesso paragrafo. Vi sono due cause indipendenti per la circolazione delle correnti poichè due sono i generatori di tensione: E1 ed E2. Sono indipendenti poichè inseriti su rami del tutto distinti dunque non possiamo affermare che sono in serie e calcolare la tensione equivalente.

Discorso analogo per le resistenze presenti R2 ed R3. Esse non sono in serie ma neppure in parallelo. E' vero che hanno i terminali in alto nella figura sono uniti ma se osserviamo attentamente gli altri terminali, nella parte bassa della figura, notiamo che sono separati proprio dal generatore E2.

Dunque niente serie niente parallelo: il metodo dei circuiti equivalenti non è applicabile perchè non riusciamo a "ridurre" il circuito ad un'unico generatore equivalente ed una sola resistenza totale Rtot equivalente. Dobbiamo imparare ad applicare oltre alla legge di Ohm i due principi di Kirchhoff.

I PRINCIPIO DI KIRCHHOFF (o delle correnti) abbreviato in IPK:: nel *nodo* di un circuito ovvero nel punto di incrocio tra almeno tre rami (le "strade" per gli elettroni) la somma delle correnti entranti (cioè descritte da una freccia che va verso il nodo) è pari alla somma delle correnti uscenti (cioè descritte da una freccia che si allontana dal nodo).

II PRINCIPIO DI KIRCHHOFF (o delle tensioni) abbreviato in IIPK: in una maglia (percorso chiuso formato dal alcuni rami del circuito che intendo percorrere in modo completo ovvero partendo da un punto e tornando allo stesso punto procedendo , ad esempio, in senso orario) la somma delle tensioni di verso concorde rispetto a quello di percorrenza della maglia è pari alla somma delle tensioni di segno discorde.

L'applicazione di un principio di Kirchhoff, sia del I che del II, si traduce nella scrittura di un'equazione.
Noi dobbiamo scrivere un sistema formato da tante equazioni quante sono i rami distinti , quindi le correnti, presenti nel circuito.
Ma vediamo passo dopo passo come si applicano i due principi. Chiarisco che il problema di verso delle frecce che descrivono correnti e tensioni verrà chiarito nell'approfondimento alla fine del paragrafo. In questo primo esempio vicino a ogni resistore e generatore è riportata la freccia che mostra il verso positivo della tensione.
I passo) Conto i rami. Ho tante correnti incognite diverse quanti sono i rami. Chiamerò questo numero NR. Nel circuito di esempio NR = 3 come tre sono le correnti da determinare: I1, I2,I3. E' evidente che le tensioni ai capi dei resistori R2 ed R3 ovvero U2 ed U3 non sono, per noi esperti conoscitori della legge di Ohm, delle vere incognite. Se riusciremo a determinare I2 ed I3 le tensioni le calcheremo semplicemente con i prodotti:
$$U2 = R2 \cdot I2, \quad U3 = R3 \cdot I3$$
II passo) Conto i nodi e chiamerò questo numero NN. Nel circuito di esempio NN = 2 perchè il primo nodo è posto in alto ed è l'incrocio di tutti e tre i rami del circuito; il secondo nodo è posto in basso ed è ugualmente l'incrocio di tutti i rami del circuito.
III passo) Conto le maglie e chiamerò questo numero NM.
Sempre nel nostro circuito di esempio vi sono una maglia sinistra, una maglia destra e una maglia esterna nel senso che "abbraccia tutto il circuito". Dunque NM=3.
IV passo) Scrivo il IPK applicandolo *a (NN-1) nodi*; i nodi li scegliamo noi ma devono ovviamente essere diversi tra loro altrimenti scriverei delle equazioni inutili che non mi permetteranno di risolvere il circuito. Nel circuito di esempio (NN − 1) fa 1 dunque il IPK lo devo applicare una volta sola ad uno dei due nodi, o quello in alto o quello in basso. Scelgo quello in alto in cui entra solo la corrente I1 mentre escono I2 ed I3. Dunque ecco la prima equazione del sistema: I1=I2+I3
V passo) Quante equazioni dobbiamo ancora scrivere per raggiungere il numero necessario ovvero NR? Ovviamente
NR-(NN-1)=NR-NN+1 cioè 2. Scriverò il II PPK per due maglie a mia scelta ma ovviamente diverse tra loro.
Scelgo la maglia sinistra contenente ben due generatori distinti oltre alla

107

resistenza R2. E1 ha verso concorde con quello orario con cui percorro la maglia mentre E2 ed E3 hanno verso discorde. Dunque ecco la seconda equazione del sistema:

E1= E2+U2.

Come seconda e ultima maglia scelgo poi quella esterna.
Contiene il generatore E1 e la resistenza R3. Possiamo dunque scrivere l'ultima equazione del sistema: E1=U3.

VI passo) Ho appena completato la scrittura del sistema ma oltre alle correnti incognite (I1,I2 ed I3 nel nostro esempio) compaiono le tensioni (U2 e U3) ai capi dei due resistori.

Posso eliminare subito queste ulteriori incognite applicando la legge di Ohm. Laddove nel sistema vedo U2 sostituisco R2· I2,
laddove vedo U3 sostituisco R3· I3.

Finalmente ho un sistema composto da tante equazioni quante sono le correnti incognite. Nel mio esempio al secondo passaggio del sistema ho 3 equazioni e 3 incognite I1, I2 e I3.

Lo riporto qui sotto:

$$\begin{cases} I1 = I2 + I3 \\ 10 = 3+ \ 100001I2 \\ 10 = 150001I3 \end{cases}$$

Risolviamo questo sistema per sostituzione cioè ricaviamo l'*espressione* di un'*incognita* dopodiché, laddove trovo in tutte le restanti equazioni tale incognita, scrivo al suo posto l'*espressione* trovata. Se ho fatto bene il passaggio mi dovrei ritrovare un sistema in cui ho un'incognita in meno da trovare. Ma questo dovrebbe esserti già noto dai tuoi studi matematici!

Esercizio 15
Dai un'occhiata alla soluzione del sistema nella pagina seguente e poi prova a risolverlo autonomamente.

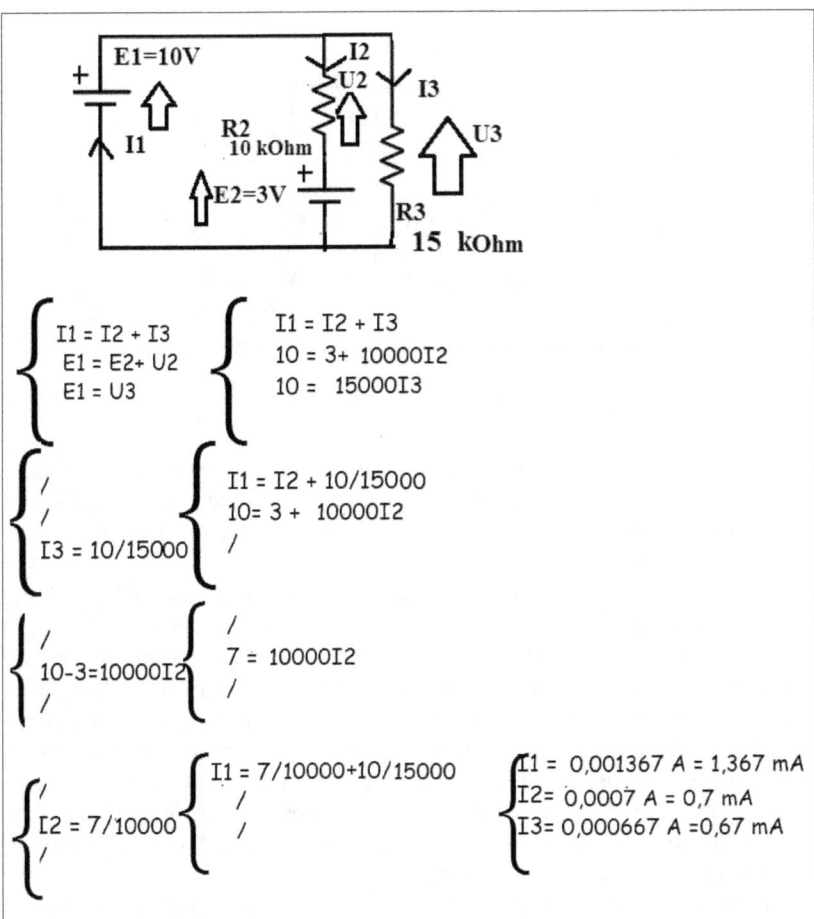

$$E1=10V \quad \uparrow I1 \quad \begin{array}{c} I2 \\ U2 \end{array} \quad I3$$

$$R2 \quad 10 \text{ kOhm} \quad U3$$

$$E2=3V \quad R3 \quad 15 \text{ kOhm}$$

$$\begin{cases} I1 = I2 + I3 \\ E1 = E2 + U2 \\ E1 = U3 \end{cases} \quad \begin{cases} I1 = I2 + I3 \\ 10 = 3 + 1000 I2 \\ 10 = 15000 I3 \end{cases}$$

$$\begin{cases} / \\ / \\ I3 = 10/15000 \end{cases} \quad \begin{cases} I1 = I2 + 10/15000 \\ 10 = 3 + 1000 I2 \\ / \end{cases}$$

$$\begin{cases} / \\ 10 - 3 = 1000 I2 \\ / \end{cases} \quad \begin{cases} / \\ 7 = 1000 I2 \\ / \end{cases}$$

$$\begin{cases} / \\ I2 = 7/10000 \\ / \end{cases} \quad \begin{cases} I1 = 7/10000 + 10/15000 \\ / \\ / \end{cases} \quad \begin{cases} I1 = 0,001367 \ A = 1,367 \ mA \\ I2 = 0,0007 \ A = 0,7 \ mA \\ I3 = 0,000667 \ A = 0,67 \ mA \end{cases}$$

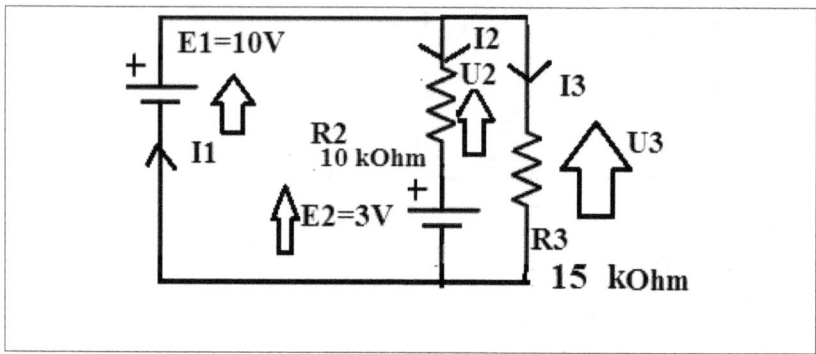

Voglio spiegare come si fissano i versi delle frecce per potere poi applicare i principi di Kirchhoff e risolvere i circuiti. Ho riportato sopra il circuito senza l'indicazione delle frecce indicanti i versi di tensioni e correnti.

Le regole sono poche

1) *Correnti*. Se un ramo contiene un generatore allora il verso della corrente del ramo sarà quello uscente dal polo positivo del generatore. I1 ed I2 effettivamente negli schemi precedenti le ho sempre rappresentate con frecce uscenti dai poli + dei generatori rispettivamente E1 ed E2. E se un ramo non contiene nessun generatore come ad esempio quello contenente solo R3? Ebbene possiamo sceglierlo a nostro piacimento. Se la soluzione del sistema ci dovesse presentare un segno negativo della corrente allora significherà semplicemente che il verso positivo della corrente era effettivamente opposto a quello da noi ipotizzato. Ma il valore numerico determinato sarà ugualmente giusto!

2) *Tensioni*. La freccia della tensione di un *generatore* deve essere diretta dal polo – al polo +. La freccia della tensione di un *resistore* deve essere discorde cioè diretta in senso opposto rispetto a quello della corrente del resistore.

fine approfondimento

Esercizio 16

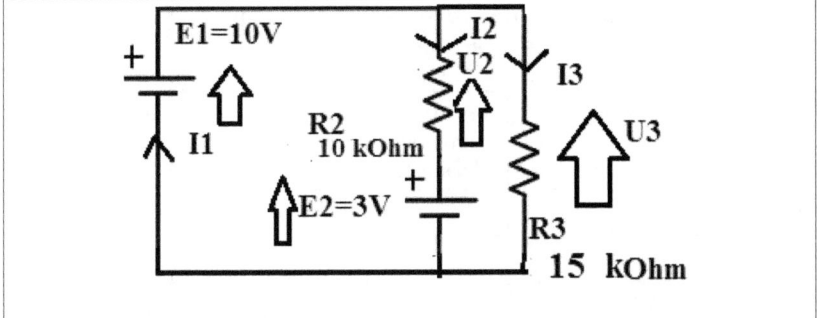

Ancora il nostro circuito! Dopo tanti calcoli vogliamo verificare tramite misurazione se i valori teorici trovano riscontro nella realtà.

Avremo bisogno del multimetro e di due alimentatori distinti (per non ricorrere alle batterie!) oltre naturalmente ai resistori.

Fai lo schema di montaggio su breadboard.

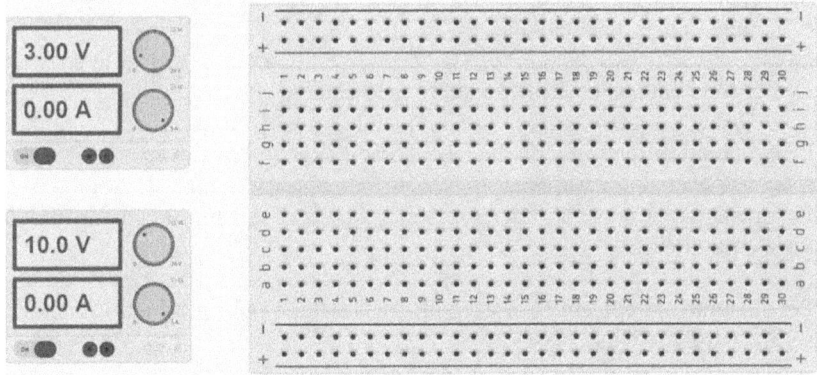

Scrivi il codice colori al 5% dei due resistori:

R1 = 10 kOhm:..

R2 = 15 kOhm:..

Procurati i componenti, realizza il circuito ed effettua le misure di corrente e tensione riportandole nella tabella. Ti chiedo di scrivere anche le portate (voltmetrica e amperometrica) da te selezionate sempre che tu non abbia utilizzato un multimetro *autoranging*.

Componente	portata amperometrica selezionata	portata voltmetrica selezionata	tensione misurata	Corrente misurata
E1				
E2				
R2				
R3				

Domande

Commenta i dati della tabella:

....

I valori misurati sono identici a quelli calcolati?

....

Le eventuali differenze a quali cause possono essere dovute?

....

Per misurare la tensione hai eseguito l'inserzione del multimetro in modo serie o parallelo?

....

Per misurare la corrente hai eseguito l'inserzione del multimetro in modo serie o parallelo?

....

Esercizio 17

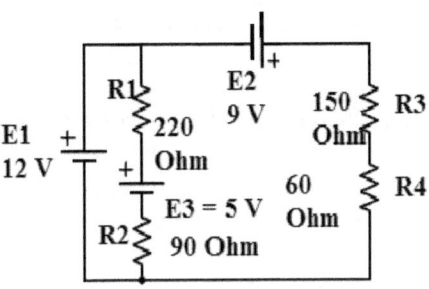

Osserva il circuito riportato sopra e rispondi alle domande.

Sono presenti resistenze collegate tra loro in serie oppure in parallelo?
In caso affermativo indica quali, calcola tutte le resistenze equivalenti e
disegna il/i circuito/i equivalente/i.

Osserva ancora il circuito iniziale o, ancora meglio, l'ultimo circuito
equivalente da te disegnato nella consegna precedente.
Secondo te possiamo risolverlo applicando il metodo dei circuiti equivalenti
o siamo costretti a ricorrere all'applicazione dei principi di Kirchhoff?
Giustifica la tua risposta.

Indica sul circuito, usando una matita, i versi di tutte le tensioni e di tutte le correnti. Assegna a ciascuno di essi i simboli che preferisci.

Risolvi il circuito mostrando tutti i calcoli necessari. Riporta i risultati nella tabella.

Componente	tensione	corrente
E1		
E2		
E3		
R1		
R2		
R3		
R4		

Domande
Scrivi l'enunciato:
della Legge di Ohm:

....

....

....

del I principio di Kirchhoff

....

....

....

del II principio di Kirchhoff

....

....

....

Indicazione importante per gli esercizi di seguito: secondo la notazione **anglosassone** *utilizzata nei vari esercizi il punto indica il separatore dei decimali e non delle migliaia!. esempio:*
4.000 V significa esattamente 4 Volt e non 4000!!!

Esercizio 18
Osserva il circuito nella pagina seguente nel quale sono indicate alcune misurazioni effettuate con i multimetri. Quale tensione indicherà il terzo (quello collegato ai capi della resistenza da 820 Ohm)?.................... ....
Quale legge o principio dell'elettrotecnica hai applicato per dedurre la risposta?...
Qual è la tensione ai capi della resistenza da 1 kOhm?..............................
Qual è la tensione ai capi della resistenza da 330 Ohm?...............................

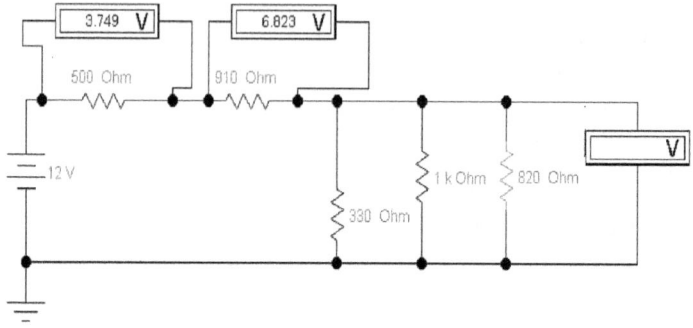

Esercizio 19

Osserva ora la figura sottostante nella quale sono mostrate alcune misurazioni effettuate con il multimetro. Vi è un unico ramo, quello in alto contenente una resistenza da 1 kOhm, di cui non conosciamo la corrente. Quale legge o principio dell'elettrotecnica ci consente di dedurne il valore? Fai il calcolo!

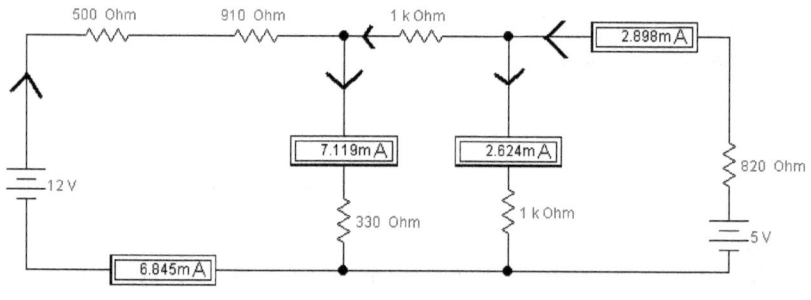

Esercizio 20

Osserva il circuito alla pagina seguente nel quale sono indicate alcune misurazioni effettuate con i multimetri. Indica la tensione ai capi della resistenza da 2 kOhm.. ....
Quale legge o principio dell'elettrotecnica hai applicato per dedurre la risposta?...

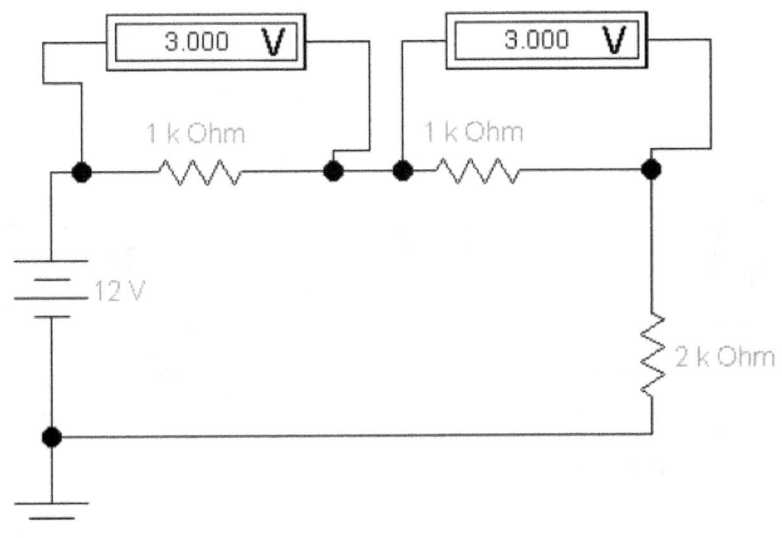

Esercizio 21
Osserva la figura sottostante.
Quale corrente indicherà il terzo multimetro (quello collegato alla resistenza da 820 Ohm)? ....

Quale legge o principio dell'elettrotecnica hai applicato per dedurre la risposta?..

Quanti nodi contiene il circuito?..

Quante maglie contiene il circuito?...

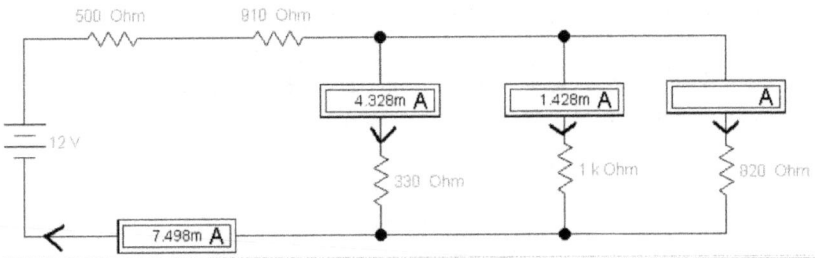

Esercizio 22

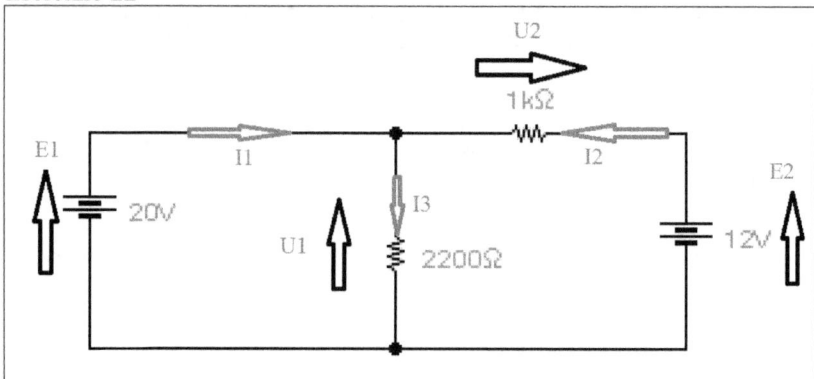

Imposta il sistema di equazioni utile per risolvere il circuito applicando i principi di Kirchhoff.

Esercizio 23

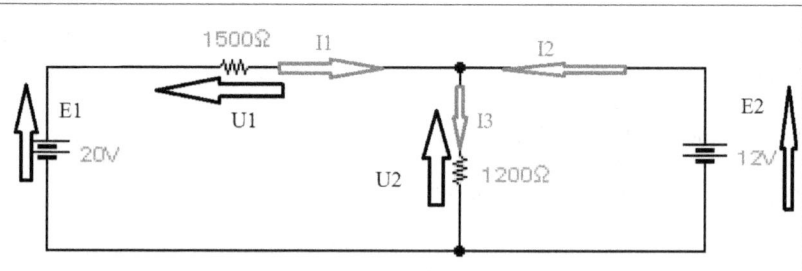

Imposta il sistema di equazioni utile per risolvere il circuito applicando i principi di Kirchhoff.

Bibliografia e fonti delle immagini

http://www.physicsclassroom.com/class/circuits/Lesson-3/Ohm-s-Law
https://www.st-
andrews.ac.uk/~www_pa/Scots_Guide/info/comp/passive/resistor/ohms_la
w/ohms_law.htm
http://winking-falcon.com/engineering%20web/2manufacturing/electronics/
ohmslaw.jpg
http://whites.sdsmt.edu/classes/ee320/notes/320Lecture3.pdf
https://www.coursehero.com/file/p28qfq0i/Different-diode-types-have-
different-V-ON-Diode-Type-V-ON-V-Applications/

CIRCUITI COMBINATORI

Indice del modulo

I LIVELLI LOGICI

Cosa significano i valori "0" e "1" che compaiono sempre quando si parla di elettronica digitale? Sono *valori logici* e *non livelli di tensione specifici*. Potremmo indicare anziché "0" e "1" rispettivamente "vero" e "falso" oppure "on" e "off" oppure "acceso"e "spento"e così via. Nell'elettronica digitale ciò che importa non è riconoscere, elaborare o trasmettere dei *precisi* livelli di tensione bensì distinguere tra un livello di tensione alto ed uno basso.

In estrema sintesi possiamo dire che i livelli di tensione elettrica che definiscono l'"1" logico e lo "0" logico possono cambiare in base alla tecnologia utilizzata per la costruzione dei dispositivi elettronici digitali.

Noi faremo riferimento alla famiglia TTL che utilizza nella realizzazione dei suoi circuiti integrati transistor bipolari alimentati a +5 V. Riconosciamo facilmente gli integrati TTL perchè la loro sigla inizia sempre con i 4 caratteri 74LS.

Quando diciamo che un segnale che chiamiamo I vale "0" intendiamo che la sua tensione è sufficientemente bassa ovvero 0 Volt ma anche un pò più alta; l'importante è che I non superi 0,8 Volt. Se invece diciamo che I vale "1" intendiamo che la sua tensione è piuttosto alta ovvero 5 Volt ma anche un pò di meno; l'importante è che I non scenda al di sotto dei 2 V.

Ma se un segnale è compreso tra 0,8 e 2 Volt? Viene considerato "0" oppure "1"?

Ebbene non è possibile prevedere con certezza se la porta logica lo interpreterà come "0" oppure "1" pertanto diciamo che nella famiglia logica TTL 0,8-2 V rappresenta la *fascia d'incertezza o zona di interdizione*.

Il buon progettista deve evitare che vengano elaborati valori di tensione appartenenti alla zona di incertezza. Nei circuiti che realizzeremo fisseremo tensioni da 5 V e 0V rispettivamente per i livelli "1" e "0".

L'immagine alla pagina seguente riassume quanto detto sui valori in tensione e i livelli logici per la famiglia TTL.

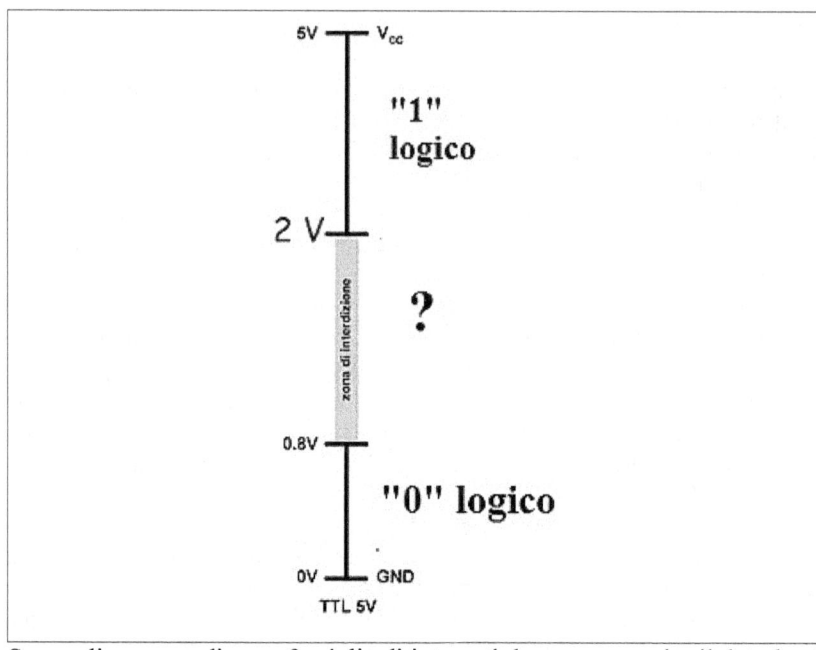

Se scegliamo una diversa famiglia di integrati dovremo reperire il datasheet e controllare i livelli elettrici che corrispondono a quelli logici.

Esercizio 1

Compila la tabella scrivendo per ogni valore di tensione il corrispondente livello logico secondo gli standard della famiglia degli integrati TTL. Scrivi invece *incerto* se una certa tensione cade nella zona di indeterminazione.

tensione	livello logico
0 V	
4 V	
3 mV	
2,5V	
1,8 V	

PORTE LOGICHE

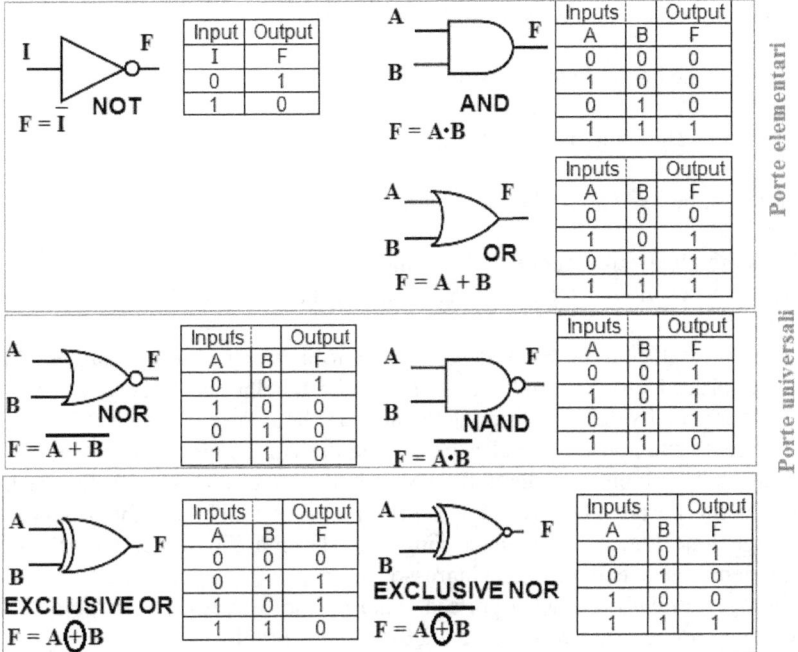

L'immagine riporta il segno grafico, la funzione (o espressione) logica e la tabella della verità delle principali porte logiche ovvero circuiti disponibili sul mercato che svolgono un compito o funzione ben preciso: alimentati in tensione continua presentano all'uscita un certo livello logico a seconda dei valori degli ingressi.

La tabella della verità serve per chiarire meglio la funzione svolta dalla porta logica. Nelle colonne troviamo tutti gli ingressi e l'uscita tutti indicati per convenzione con lettere maiuscole. Per esempio I, A , B per gli ingressi e F per l'uscita.

E' importante sottolineare che ciascuna tabella della verità riporta *tutte* le possibili combinazioni di valori logici degli ingressi. Ciascuna combinazione corrisponde ad una riga della tabella per un **totale di 2^N** dove **N è il numero degli ingressi.**

Domande

Quanti ingressi hanno le porte AND, OR, NAND, NOR?.............................

Quante righe hanno le loro tabelle della verità?...

Quanti ingressi ha la porta NOT?...

Quante righe ha la sua tabella della verità?..

Torniamo alle nostre tabelle della verità.
Ciascuna descrive il legame o relazione tra l'uscita F della porta e i suoi ingressi.
Guardiamo alla **porta NOT** descritta in alto a sinistra nell'immagine alla pagina precedente. Se I vale "0" (I riga della tabella) allora l'uscita F vale "1", se invece I vale "1" (II riga della tabella) allora l'uscita F vale "0".
E' evidente che non ci sono altre possibilità per l'unico ingresso I: o vale "1" o vale "0"! Pertanto le righe della tabella della porta NOT sono 2. Perché la chiamiamo porta NOT? Perchè l'uscita "va al contrario" o per meglio dire è la negazione logica del segnale d'ingresso: l'uscita è bassa se l'ingresso è alto mentre l'uscita è alta e se l'ingresso è basso.
Il comportamento di questa porta diventa per noi un'*operazione logica* cui diamo un nome, *negazione* come già detto e il simbolo —:

scrivendo $F = \overline{I}$ e leggendo "I negato" intendiamo che esiste un circuito (*porta NOT o inverter*) che opera sul segnale I facendone la *negazione e ne rende disponibile il risultato all'uscita F del circuito.*
Passiamo alla **porta AND** descritta sempre nell'immagine all'inizio del paragrafo. Il comportamento di questo circuito in cui l'uscita F vale "1" soltanto se l'ingresso A *e* (in inglese *and*) l'ingresso B valgono entrambi "1" ha suggerito il nome AND. Se guardiamo attentamente alla tabella e moltiplichiamo, proprio come facciamo in aritmetica, i valori degli ingressi otteniamo i valori dell'uscita F (infatti 0 · 1 fa 0, 1 · 1 fa 1, eccetera).
Anche in questo caso il comportamento di questa porta diventa per noi un'*operazione logica* cui diamo un nome, *prodotto* come già detto e il simbolo · (che può essere sottinteso proprio come in algebra):
scrivendo $F = A \cdot B = AB$ e leggendo "A PER B" intendiamo che esiste un circuito che opera sui segnali A e B facendone il *prodotto logico (non aritmetico!)* e ne rende disponibile il risultato all'uscita F del circuito.

124

E infine guardiamo all'ultima porta elementare l'OR.

Se guardiamo attentamente alla tabella ci accorgiamo che l'uscita F vale "1" se l'ingresso A *oppure* (in inglese *or*) l'ingresso B oppure entrambi valgono "1". Ecco perché l'hanno chiamata OR! I valori dell'uscita F li otteniamo *sommando,* proprio come facciamo in aritmetica, i valori degli ingressi *con un'unica eccezione: "1"+"1" = "1"* (e non 2!!!! Anche perchè il 2 è un valore logico sconosciuto nell'elettronica digitale!).

Chiameremo la funzione svolta dalla porta OR *somma* e la indicheremo con il simbolo +:

scrivendo F = A+B e leggendo "A più B" intendiamo che esiste un circuito che opera sui segnali A e B facendone la *somma logica (non aritmetica!)*e ne rende disponibile il risultato all'uscita F del circuito stesso.

AND,OR, NOT sono dette elementari perchè con i relativi operatori posso costruire qualunque circuito combinatorio.

Viene definito *combinatorio* il circuito la cui uscita dipende soltanto dai valori attuali degli ingressi nello stesso istante.

Facciamo un esempio: guardiamo alla porta EXOR descritta nell'immagine all'inizio del paragrafo.

EXOR ha un'uscita che vale "1" quando uno solo dei suoi ingressi vale "1".

Potremmo ottenere lo stesso identica funzione logica costruendo un circuito che combini due porte di tipo AND, una porta di tipo OR e due di tipo NOT.

Lo stesso discorso vale anche le porte NOR, NAND ad EXCLUSIVE NOR.

Se non abbiamo a disposizione queste porte possiamo sostituirle con un *circuito equivalente cioè avente identica tabella della verità* ma che faccia uso di porte diverse.

AND, OR, NOT sono "mattoncini"ovvero porte elementari con cui costruire qualunque circuito combinatorio.

Esercizio 2

Indica se le seguenti affermazioni sono vere oppure false.

AND è equivalente al NOT   V F

AND è equivalente all'OR   V F

se gli ingressi della porta OR valgono entrambi 5 Volt l'uscita assume il valore logico "1" V F

Se gli ingressi della porta OR valgono entrambi 0,2 Volt l'uscita assume il valore logico "1" V F

Se gli ingressi della porta AND valgono entrambi 5 Volt l'uscita assume il valore logico "1" V   F

125

PORTE UNIVERSALI

Inputs		Output
A	B	F
0	0	1
1	0	0
0	1	0
1	1	0

A $\rightarrow$ NOR $\rightarrow$ F

$F = \overline{A + B}$

Inputs		Output
A	B	F
0	0	1
1	0	1
0	1	1
1	1	0

A $\rightarrow$ NAND $\rightarrow$ F

$F = \overline{A \cdot B}$

Le porte NAND e NOR sono dette universali le funzioni logiche elementari prodotto, somma e negazione possono essere realizzate usando solo porte di tipo NAND o solo di tipo NOR. L'Immagine sottostante ci mostra le *equivalenze* tra i diversi circuiti logici.

Di fatto i costruttori nella realizzazione di circuiti complessi utilizzano le porte universali al posto di quelle elementari per esigenze di riduzione dello spazio complessivo occupato dai circuiti. Ciò potrebbe sorprendere: perchè non effettuare una somma logica con una sola porta OR anziché usare ben 3 porte NAND?! Perchè, come vedremo nel paragrafo successivo, le porte logiche sono realizzate in forma *integrata* cioè non sono disponibili singolarmente ma a gruppi di 2, 4 o 6 nei chip di silicio.

Dunque utilizzare una sola tipologia di porta conduce ad una riduzione complessiva del numero di circuiti integrati impiegati.

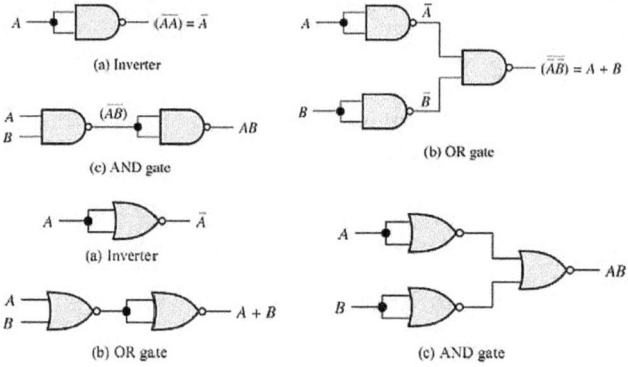

126

GLI INTEGRATI

Le porte logiche sono disponibili commercialmente in circuiti integrati (integrated circuit IC). In pratica in un chip ho a disposizione più porte. Per esempio il 74LS00, mostrato nell'immagine sottostante, contiene 4 porte di tipo NAND. I suoi pin sono 14 di cui: 2 per l'alimentazione (i loro numeri sono 7 per GND e 14 per +5 V) e 12 per i due ingressi e l'uscita di ciascuna porta.

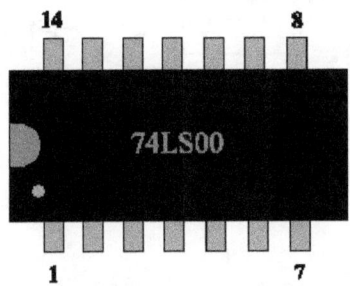

Negli IC di tipo DIP (contenitore **dual in line package**) i pin sono suddivisi su due file e la loro numerazione viene data utilizzando come riferimento assoluto una tacchetta a forma di semiellisse, scavata su una parte dell'integrato. Con la tacchetta posta a sinistra il piedino numero uno corrisponde al primo piedino in basso a sinistra, quindi segue la numerazione in senso antiorario.

Esercizio 3

Vogliamo verificare il comportamento della porta NAND con l'integrato 74LS00 di cui è riportato il pinout.
Osserva lo schema elettrico alla pagina seguente. Secondo te il led quando rimarrà spento?..
Completa lo schema elettrico indicando i pin dell'integrato 74LS00.
Successivamente completa lo schema di montaggio su breadboard.
Infine realizza il circuito testandolo alla presenza dell'insegnante.

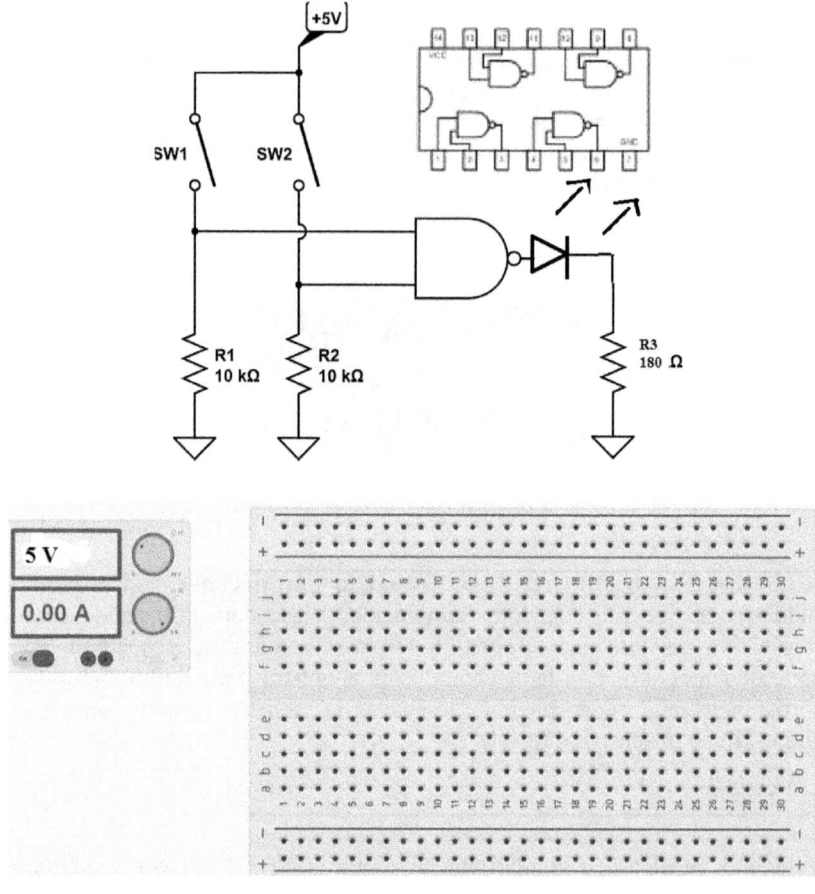

ANALISI DI UN CIRCUITO COMBINATORIO

Con gli operatori logici $\overline{}$, +, e · possiamo descrivere in modo efficace il compito di circuiti molto complessi perché combinano le porte elementari and, or, not.

In aggiunta ad esse abbiamo le porte universali NAND (equivalente, come suggerisce il segno grafico ad un prodotto logico seguito da una negazione) e NOR (equivalente, come suggerisce il segno grafico, ad una somma logica seguito da una negazione) oltre a EXCLUSIVE OR ed EXCLUSIVE NOR. Anche le ultime due naturalmente sono *equivalenti* ad un circuito che faccia uso di sole porte elementari.

Analizzare un circuito combinatorio complesso *significa* riuscire a *prevedere* quale valore logico assumerà l'uscita in corrispondenza di una certa combinazione degli ingressi. Naturalmente questo conduce alla compilazione della tabella della verità.

Speghiamo passo dopo passo come si procede.

I passo) contiamo i segnali di ingresso e, come abbiamo già detto, se N è il numero degli ingressi avremo 2^N righe oltre all'intestazione della tabella!

II passo) quante colonne dovremo inserire? **N + NP.** Infatti le colonne saranno N quanti sono gli ingressi più il numero NP di porte che compaiono nello schema. Noi dovremo calcolare l'uscita di ogni porta prima di calcolare l'output di tutto il circuito combinatorio.

III passo) a questo punto tracciate le 2^N righe (più una per l'intestazione) e le N+NP colonne occorre scrivere nello schema e, subito dopo, nella colonna della tabella le espressioni logiche. Se ad esempio riconosco una porta AND in cui entrano due segnali A e D all'uscita della porta annoterò A·D.

IV passo) scriviamo nelle prime N colonne e in tutte le righe gli "1" e gli "0" con la seguente regola che è semplice e ci consente di compilare rapidamente anche tabelle lunghissime;

partiamo dall'N-sima colonna cioè dall'ultimo degli ingressi alterniamo "0" e "1" dalla prima all'ultima riga; esempio: se N vale 3 e gli ingressi sono A,B e C dovremo compilare $2^N = 2^3 = 8$ righe quindi gli 8 valori che scriveremo nella colonna C saranno nell'ordine dal primo all'ottavo: 0,1,0,1,0,1,0,1.

spostiamoci sulla colonna del penultimo ingresso; nell'esempio è B per il quale gli 8 valori li scriverò *raddoppiando, rispetto alla colonna C già compilata, la permanenza dello stesso valore logico* pertanto nella colonna B scriverò: 0,0,1,1,0,0,1,1.

spostiamoci sulla terzultima e, nel nostro esempio, prima colonna corrispondente all'ingresso A; gli 8 valori li scriverò *raddoppiando, rispetto alla colonna B già compilata, la permanenza dello stesso valore logico* pertanto risulterà: 0,0,0,0,1,1,1,1.

V passo) ora non mi resta che calcolare riga per riga le NP espressioni logiche indicate nelle ultime colonne.

Esercizio 4

Scrivi la tabella della verità del seguenti circuito combinatorio:

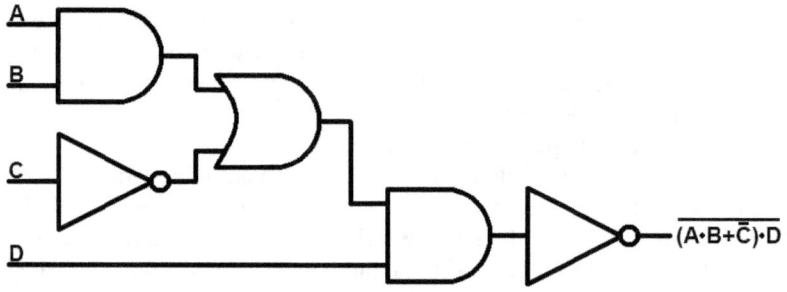

$$\overline{(A \cdot B + \bar{\bar{C}}) \cdot D}$$

Esercizio 5

130

Scrivi la tabella della verità del seguente circuito combinatorio.

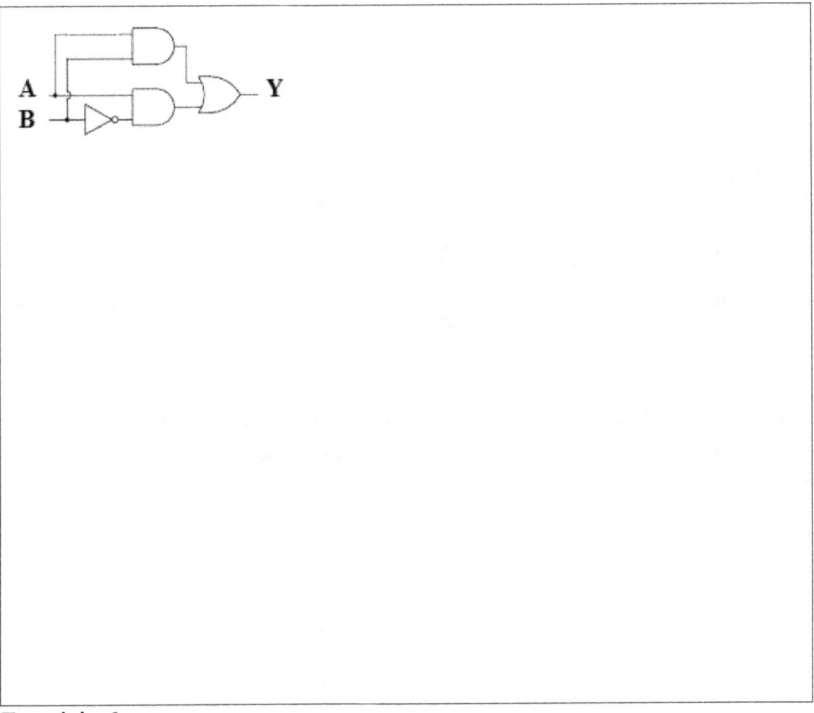

Esercizio 6
Scrivi la tabella della verità del seguente circuito combinatorio.

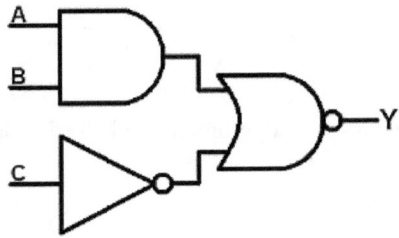

131

Esercizio 7
Scrivi la tabella della verità del seguente circuito combinatorio.

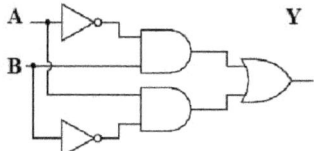

Il circuito che hai appena analizzato può essere definito *equivalente* ad uno dei seguenti? NOT, AND, OR, NAND, NOR, EXCLUSIVE OR, EXCLUSIVE NOR. Giustifica la tua risposta.

Esercizio 8

Analizza i due circuiti seguenti completando le due tabelle della verità (la prima, per aiutarti, è parzialmente compilata):

132

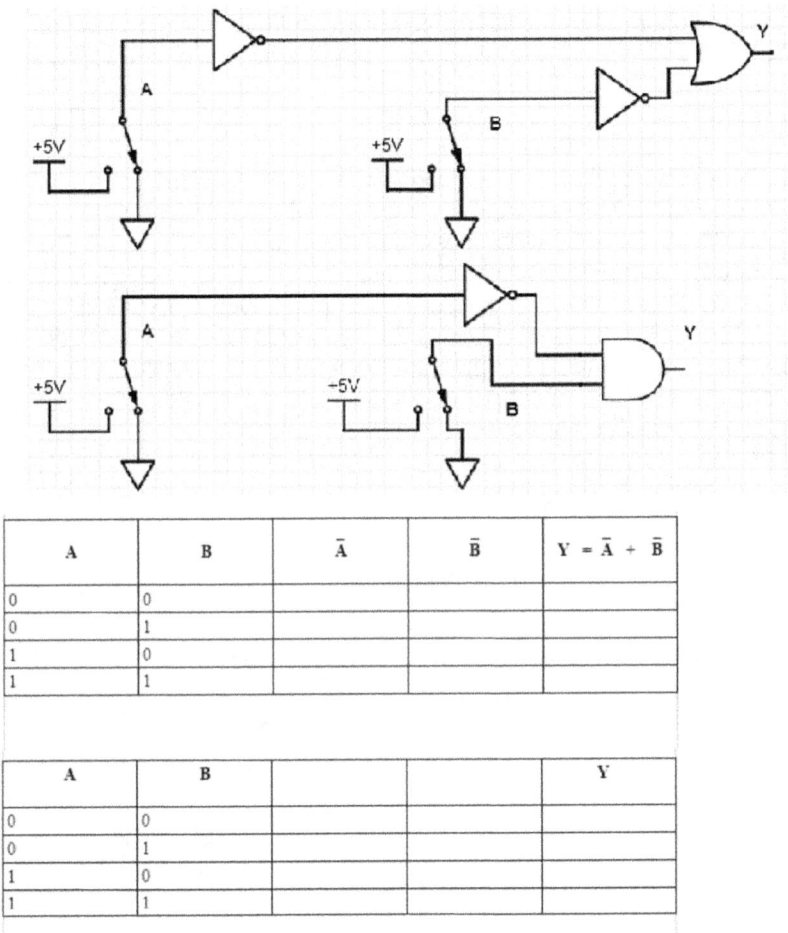

A	B	$\overline{A}$	$\overline{B}$	$Y = \overline{A} + \overline{B}$
0	0			
0	1			
1	0			
1	1			

A	B			Y
0	0			
0	1			
1	0			
1	1			

Esercizio 9

Desideriamo realizzare con le porte universali NAND un multivibratore astabile cioè un circuito la cui uscita commuta continuamente da un valore ALTO ad un valore BASSO ad intervalli di tempo costanti: viene utilizzato per generare ad esempio un'onda quadra o un segnale d'allarme acustico o luminoso.

L'aspetto importante è che noi possiamo progettare la durata di ciascuno dei due livelli T1 e T2 che dipendono da R espressa in Ohm e da C espressa in Farad.

$$T1 = 1,6 \cdot R \cdot C, \qquad T2 = 0,56 \cdot R \cdot C \qquad T = 2,16 \cdot R \cdot C$$

Per la nostra applicazione desideriamo T1 e T2 dell'ordine di qualche secondo. Ecco la nostra scelta:
C = 3300 uF, R = 750 Ohm (possiamo ottenerla inserendo in parallelo di due resistori della serie E12 da 1500 Ohm).
T1 = 1,6 750 x 3300 x 10^{-6} dunque T1 vale poco meno di 4 secondi
T2 = 0,56 x 750 x 3300 x 10^{-6} dunque T2 vale poco meno di 1,5 secondi
Potremo controllare le approssimativamente le durate guardando all'accensione e spegnimento del led ad intervalli regolari.
Ecco lo schema del circuito:

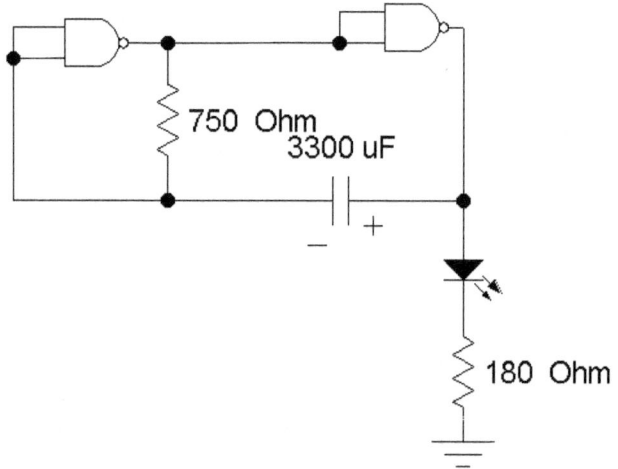

Considerando il diagramma pinout dell'IC 74LS00 alla pagina seguente riporta sullo schema di principio soprastante i numeri dei pin. Ricorda che i pin 7 e 14 vanno sempre collegati rispettivamente a +5 e 0 V.

Completa lo schema pratico su breadboard. Realizza il circuito e testalo.

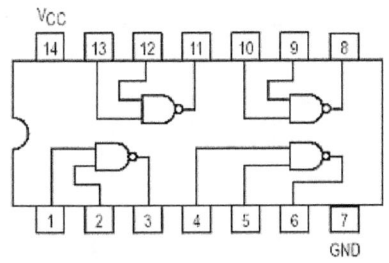

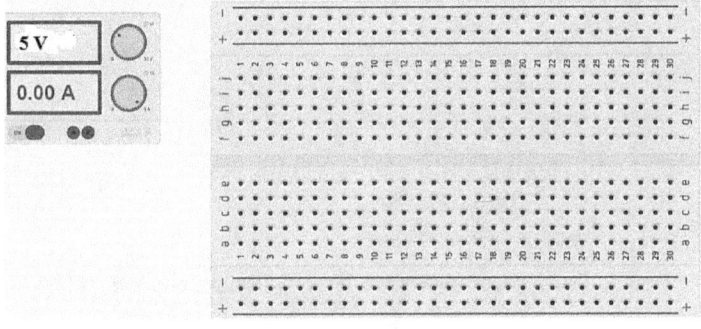

In relazione ai tempi T1 e T2 dell'oscillatore astabile appena realizzato come potrei raddoppiarli?

Nell'oscillatore astabile appena realizzato come si modificherebbero T1 e T2 se inserissi in serie ad R una resistenza di ugual valore?
....

Esercizio 10

a) Disegna il circuito relativo alla seguente funzione logica (usa AND, OR, NOT):

$$F = (\overline{A \cdot B} + A) \cdot C$$

135

b) Calcola i valori di F compilando la tabella della verità.

c)Verifica se la funzione F1 = AC + BC è equivalente a F giustificando la tua risposta.

Esercizio 11
Realizza usando solo porte universali NAND la funzione logica F = A·B

Esercizio 12
Riferendoti sempre alla famiglia TTL scrivi il livello logico (0 oppure 1) o incerto in corrispondenza della tensione:

Tensione	Livello logico
4 V	
3 V	
2,1 V	
1 V	
0,5 V	

Bibliografia e fonti delle immagini

http://blogs.isisdavinci.it/riccardo_passalacqua/files/2011/02/Multivibratori
conportelogiche.pdf
http://www.maffucci.it/2014/11/05/livelli-logici-ttl-e-cmos-cosa-si-
nasconde-dietro-un-high-o-low-di-una-digitalwrite-di-arduino/
http://www.itisravenna.it/corso/informatica/laboratori/lab-
elettronica/documentazione/integrati/riferime.htm
https://www.google.it/search?
q=porte+universali+nand+e+nor&rlz=1C1CAFA_enIT680IT680&espv=2&
biw=1066&bih=478&source=lnms&tbm=isch&sa=X&ved=0ahUKEwiM0
M2HmJHNAhXH2BoKHTPfBJMQ_AUIBigB#imgrc=Ttv2yy-9ZY3zIM
%3A

IL TRANSISTORE BIPOLARE

Indice del modulo

LE ZONE DI LAVORO DEL TRANSISTORE

Il transistore bipolare è un componente, proprio come il diodo, realizzato con i semiconduttori. L'immagine mostra che esso ha tre terminali: la base B il collettore C e l'emettitore E.

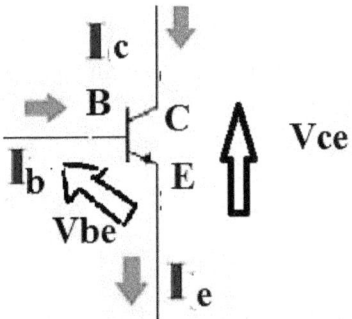

Se il diodo ha essenzialmente due zone di lavoro, ovvero conduzione e interdizione, il transistore bipolare ha almeno tre zone di funzionamento o di lavoro rilevanti cioè: lineare, saturazione e interdizione.
A seconda della zona di lavoro il comportamento del componente cambia fortemente. Studieremo un circuito in cui osserveremo lavorare il bjt nelle tre distinte zone e lo faremo variano i valori della tensione di alimentazione e i valori ohmici dei resistori presenti.
La zona di interdizione

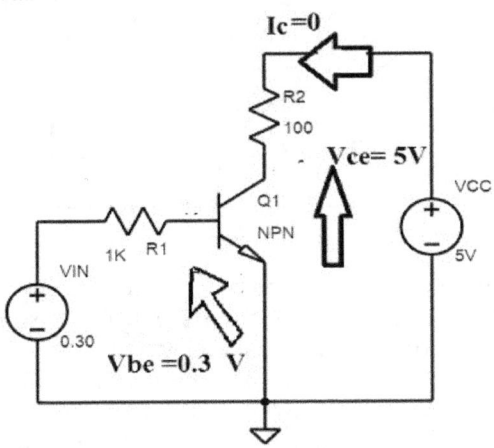

Il circuito mostra un bjt interdetto. Significa che ha tutte le correnti nulle cioè **Ib = Ic = Ie = 0 A**. Ciò avviene se la tensione di Vin è inferiore a circa 0,7 V. Non essendovi alcuna circolazione di corrente il resistore da 100 Ohm collegato al collettore ha caduta di tensione nulla e tutta la tensione di alimentazione Vcc=5 V si stabilirà tra i terminali C ed E. Infatti misuriamo Vce = 5 V.

Possiamo dire che il bjt interdetto si comporta come un contatto aperto inserito nei tre rami dove sono presenti i terminali B, C ed E.

Riassumento siamo sicuri che il bjt è interdetto con una qualsiasi di queste condizioni:

I) Vbe < 0,7 V
II) Ib = Ic = Ie = 0 A

Zona lineare
Guardiamo al circuito alla pagina seguente.

$$Ic= (Vcc- Vce)/R= 10\ mA$$

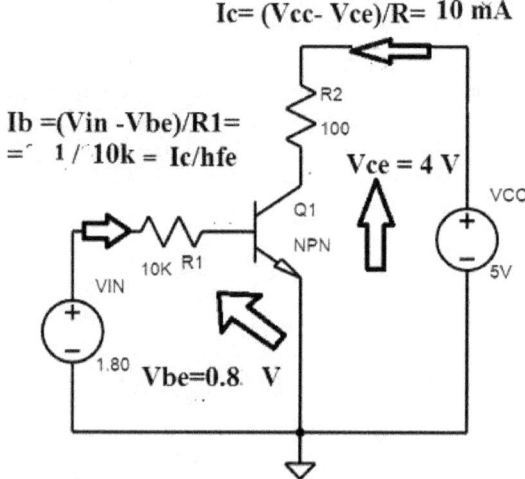

Ib =(Vin -Vbe)/R1=
=´ 1 / 10k = Ic/hfe

Vce = 4 V

Vbe=0.8 V

Il circuito mostra che ponendo un valore molto più alto di R1 cioè 10 kOhm e fissando la tensione d'ingresso Vin a 1.8 Volt il bjt assume le seguenti caratteristiche e si porta in zona lineare laddove:

I) conduce correnti Ib, Ic, Ie *significative* cioè non nulle.
II) risulta sempre Vce > 1 V (nel nostro caso 4 V)
III) la corrente di collettore Ic corrisponde approssimativamente a quella di base amplificata secondo un guadagno *hfe cioè*

$Ic = hfe \cdot Ib$.

Per quanto detto hfe è adimensionale (senza unità di misura). Il suo valore varia con la sigla dell'integrato e inoltre è anche legato alla temperatura. Il costruttore nel data sheet indica di solito un hfe minimo, un hfe massimo e un hfe tipico. Nel nostro esempio consideriamo hfe pari a 100.

Noi progettiamo il circuito che mantenga il bjt in zona lineare quando vogliamo aumentare per l'appunto *amplificare* deboli segnali in corrente che arrivano alla base del transistor. La potenza che il bjt deve dissipare in zona lineare prevalentemente data dal prodotto *Vce ·Ic* e di solito è elevata. Per questo si è soliti fare ricorso ai dissipatori per non danneggiare i componenti.

Zona di saturazione

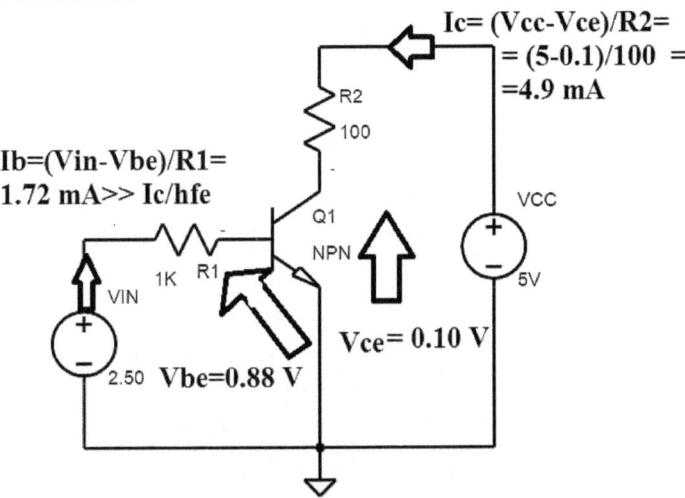

$Ic= (Vcc-Vce)/R2=$
$= (5-0.1)/100 =$
$=4.9 \text{ mA}$

$Ib=(Vin-Vbe)/R1=$
$1.72 \text{ mA}>> Ic/hfe$

Vce= 0.10 V

Vbe=0.88 V

L'immagine soprastante mostra il bjt nella zona di saturazione ottenuta con Vin =2.5 V, R1=1kOhm ed R2 =100 Ohm. Il bjt saturo:

I)   conduce corrente su B, C ed E. La corrente di base è certamente molto più elevata del valore Ic/hfe ovvero del rapporto tra corrente di collettore e guadagno. Risulta dunque **Ib>>Ic/hfe**

II) Vce è quasi nulla dunque Vce ≈ 0 V

Siccome la potenza dissipata vale Pbjt = Vce ·Ic Vce è quasi nulla anche Pbjt sarà quasi nulla o molto ridotta e questo per noi è un vantaggio perchè non dovremo prevedere l'uso di dissipatori.

Esercizio 1

L'mmagine alla pagina seguente, tratta dal data sheet del bjt con sigla commerciale BC489, ci consente di distinguere i tre terminali di collettore, base ed emettitore. Completa lo schema di montaggio del bjt in saturazione poi realizza e testa il circuito all'inizio di questa stessa pagina che vede il bjt lavorare in saturazione.

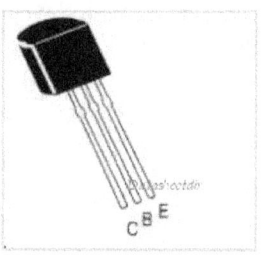

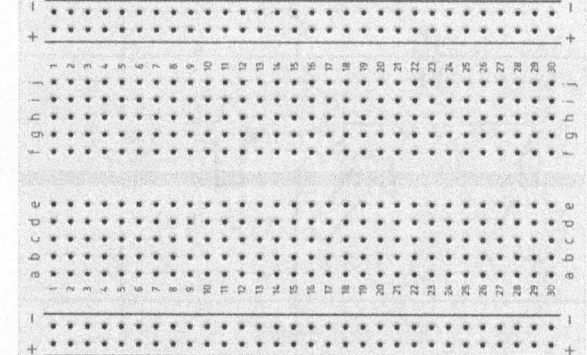

IL BJT COME INTERRUTTORE ELETTRONICO

Il bjt nella zona di interdizione funge da *interruttore aperto* (diremo semplicemente che il BJT è OFF) mentre in quella di saturazione (diremo semplicemente che il BJT è ON) da *interruttore chiuso che "sottrae" al carico (una lampada, un motore o un un relè, eccetera) soltanto una tensione Vce molto ridotta.*

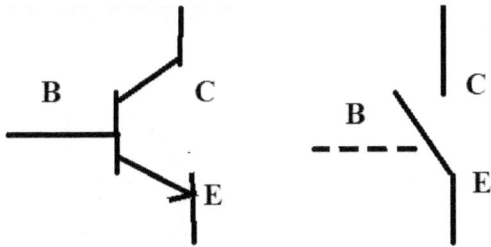

I vantaggi del bjt interruttore rispetto ad un tradizionale interruttore di tipo meccanico sono:
• *Elevatissima velocità di commutazione* essendo assenti parti meccaniche in movimento.
• Comandare l'apertura e la chiusura di un circuito interessato da correnti elevate , mediante *correnti di valore notevolmente inferiore.*

Quest'ultima proprietà ci consente ad esempio di collegare un integrato che può erogare in uscita correnti molto deboli (es. 1 mA) con la base di un bjt. Sul collettore del bjt potremo pilotare (ossia attivare o disattivare) la bobina di un relè che richiederebbe correnti abbastanza elevate parti ad alcune decine (se non centinaia) di mA.
Ecco lo schema di questo circuito che vede come carico, lo ripeto, non una resistenza ma la bobina di un relè. Il diodo è necessario per proteggere la bobina del relè dalle sovratensioni che si producono durante le commutazioni (passaggi da on a off) dell'interruttore "elettronico" ovvero il bjt:

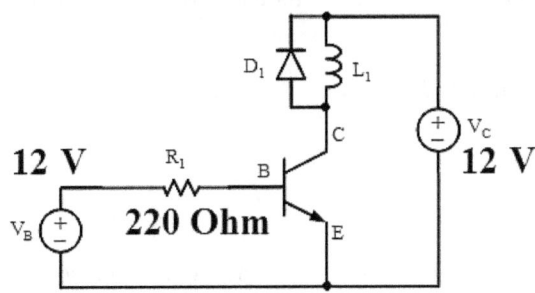

Esercizio 2

143

Fai lo schema di montaggio del circuito soprastante utilizzando l'integrato BC489. Realizza il circuito e misura la tensione Vce verificando che sia circa 0 V per garantire che il bjt sia saturo.

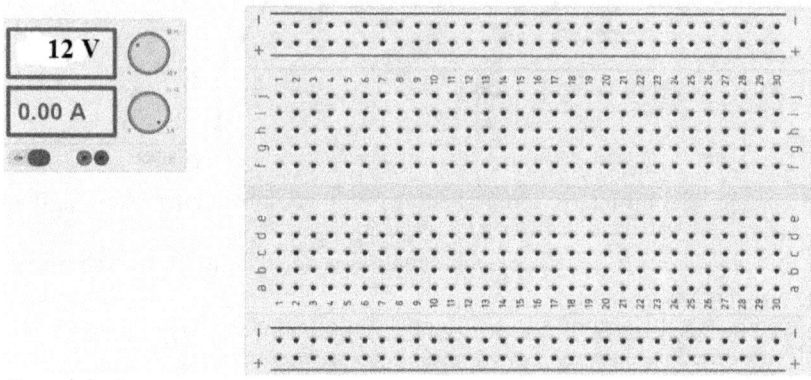

Esercizio 3

Traccia il segno grafico del bjt indicando chiaramente i tre terminali B,C,E.

Completa il testo con i termini che ritieni corretti:
In zona ....il bjt lavora come amplificatore; se voglio realizzare un interruttore devo fare, invece, lavorare il bjt nelle zone di..e di.....................................;
nella zona di..........................tutte le correnti sono nulle.

Rispondi alle seguenti domande:
Che cos'è hfe?

Qual'è la relazione tra corrente di base e di collettore nella zona di saturazione?

144

Confronta l'interruttore elettronico realizzato con bjt con il tradizionale interruttore meccanico.

Calcola hfe sapendo per il bjt in zona lineare avente corrente di base è 0,15 mA e che la corrente di collettore è 0,045 A.

Vbe = 0,7 V Vce = 0,2 V. In quale zona lavora il bjt? Giustifica la risposta.

Vbe = 0 V Vce = 15 V. In quale zona lavora il bjt? Giustifica la tua risposta.

Vbe = 0,7 V, Vce = 10 V. In quale zona lavora il bjt? Giustifica la tua risposta.

Esercizio 4
Una lampada con R = 20 Ω è percorsa da I = 200 mA ed è comandata tramite un bjt avente Vce =0,2 V. Calcola:
la tensione U ai capi della lampada e la potenza dissipata Plamp.
la potenza dissipata dal bjt sapendo che Ic = I = 200 mA

Esercizio 5

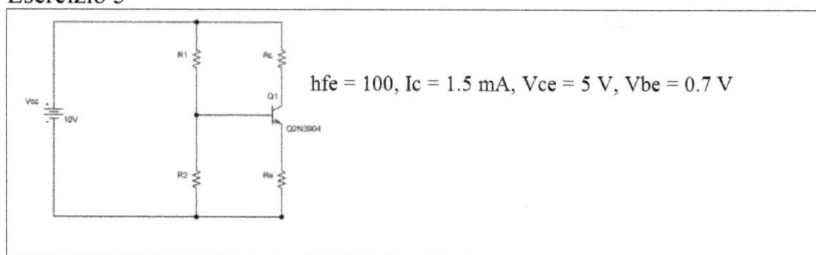

hfe = 100, Ic = 1.5 mA, Vce = 5 V, Vbe = 0.7 V

Analizza il circuito con i dati disponibili. In quale zona lavora il bjt? Giustifica la tua risposta.

....

....

Bibliografia e fonte delle immagini

http://www.francocappello.it/dispense/classe3aei/bjt.pdf
http://electronics-course.com/bjt-switch

IMPIANTI ELETTRICI CIVILI

Indice del modulo

SCHEMI: TOPOGRAFICO, FUNZIONALE, DI MONTAGGIO

Lo schema rappresenta un modello ovvero una modo di rappresentare in modo chiaro *solo alcune* caratteristiche di un ambiente complicato come può essere l'impianto elettrico di un appartamento, di un officina o di un qualunque laboratorio.

Lo *schema topografico o planimetria* ha lo scopo di evidenziare la dotazione elettrica di un ambiente.

In sede di acquisto di un appartamento, ad esempio, ci viene mostrata la sua planimetria che essenzialmente mostra, in ogni stanza, i punti luce tra loro indipendenti e i loro dispositivi di comando.

Oltre alle possibilità di illuminazione ovviamente tale schema evidenzierà anche la distribuzione della forza elettromotrice cioè le prese, interrotte e non, disponibili in ogni stanza. Alla dotazione elettrica "di base" (prese e luci) possono aggiungersi sistemi di allarme, prese telefoniche, videocitofoni, e così via.

Ecco qui sotto un esempio di planimetria.

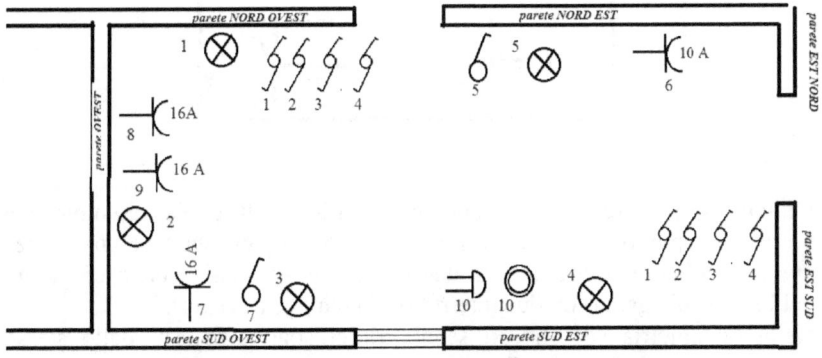

Si tratta di una stanza dotata di una finestra rivolta a sud che suddivide dunque la parete sud in una parete SUD OVEST ed in una SUD EST.

Due accessi alla stanza sono presenti nella parete NORD e in quella EST e analogamente ci consentono di invaduare le pareti NORD OVEST, NORD EST, EST NORD ed EST SUD.

Questi riferimenti "geografici" ci aiuteranno ad analizzare l'impianto elettrico della stanza una volta consultata la seguente tabella dei segni grafici.

149

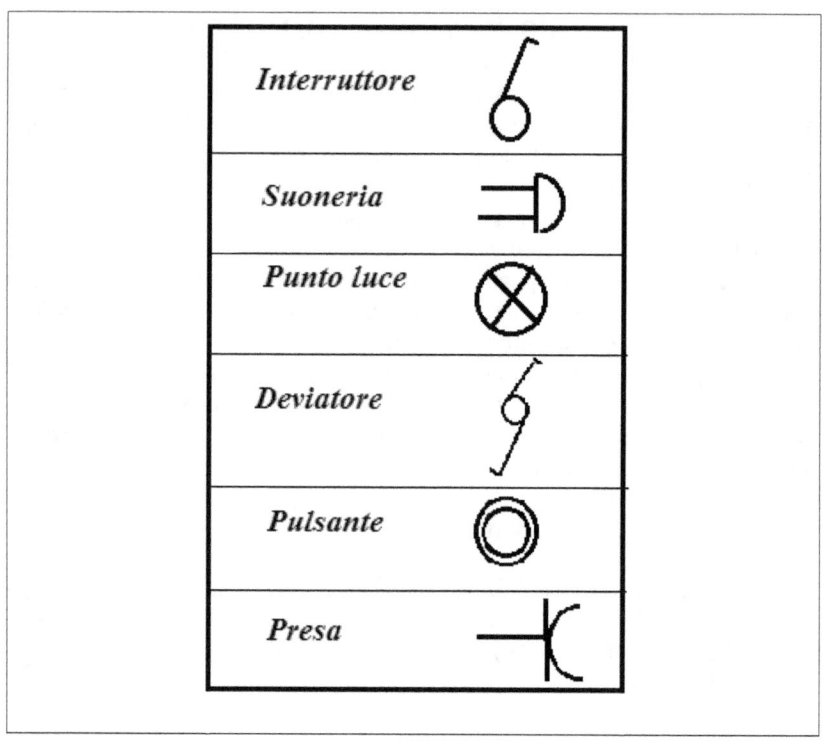

Interruttore	
Suoneria	
Punto luce	
Deviatore	
Pulsante	
Presa	

L'interruttore consente di comandare un carico elettrico (ad esempio una presa o un punto luce) da un solo punto. Se, tipicamente in una stanza grande vogliamo controllare da due punti il nostro carico elettrico, allora dobbiamo collegare (non due interruttori!!) ma due deviatori.

Nella planimetria se diversi segni grafici sono affiancati dallo stesso numero ciò significa che il dispositivo di comando controlla il carico elettrico avente lo stesso numero.

Dunque procediamo da NORD-OVEST in senso antiorario e notiamo subito , vicino all'ingresso, i deviatori 1,2,3 e 4. Essi consentono di accendere e spegnere le luci 1, 2, 3 e 4 poste rispettivamente sulle pareti NORD-OVEST, OVEST e SUD-OVEST e SUD-EST.

Troviamo un altro gruppo dei deviatori ancora numerati 1,2,3,4 sulla parete EST-SUD. Essi comandano gli stessi punti luce che possono essere accesi e spenti comodamente da due zone lontane della grande stanza rappresentata.

Sulla parete OVEST, con i numeri 8 e 9, ci sono due prese con portata 16 A di corrente (possiamo ad esempio collegarvi elettrodomestici di media potenza) ma per quanto aguzziamo la vista nella stanza *non* ritroviamo gli stessi numeri 8 e 9. Ciò significa che le due prese sono dirette o non comandate e mettono sempre a disposizione la tensione nominale di rete (230 V ca). A SUD-OVEST invece notiamo, entrambi con il numero 7, un interruttore e una presa da 16 A. Significa che agendo sull'interruttore possiamo escludere la presa ovvero "privarla" della tensione altrimenti presente tra i suoi poli. A SUD-EST sono presenti il pulsante 10 e la suoneria 10. Terminiamo la descrizione dell'impianto elettrico con la parete NORD-EST dove osserviamo una presa diretta (6) da 10 A e un punto luce 5 vicino all'interruttore 5. Ovviamente il punto luce 5 può essere acceso e spento solo da un punto, quello in cui abbiamo sistemato l'interruttore 5.

Lo SCHEMA FUNZIONALE, come suggerisce lo stesso nome, pone in luce "come funziona" un impianto.

Vengono trascurati gli infissi della stanza mentre vengono mostrati con linee orizzontali i due conduttori (i famosi cavi con anima in rame!) fondamentali: fase e neutro nela caso della tensione di rete (in Italia 230 V ca) oppure, ad esempio, 24 V e 0 V se abbiamo a disposizione una tensione inferiore. I dispositivi elettrici vengono mostrati nel loro collegamento ai dispositivi di comando o direttamente ai conduttori.

Ecco, alla pagina seguente, un esempio di schema funzionale: tensione di alimentazione 24 V in continua. Dunque tra la linea della 24 V (polo positivo) e quella di ritorno 0 V (polo negativo) osserviamo, due pulsanti SB1 e SB2 collegati in cascata (o in serie) e un ulteriore pulsante SB3.

SB2 ed SB3 si uniscono nello stesso punto elettrico che a sua volta è collegato alla lampada di segnalazione H.

Va osservato, dando anche un'occhiata alla tabella alla pagina seguente, che il pulsante nello schema topografico e nello schema funzionale, viene rappresentato con segni grafici completamente differenti: questo non ci deve sorprendere perchè gli schemi, è bene ribadirlo, hanno scopi diversi.

Lo schema funzionale chiarisce al tecnico come deve funzionare l'impianto: nel nostro caso la lampada H si accende o premendo semplicemente SB3 o, in alternativa, premendo contemporaneamente SB1 e SB2.

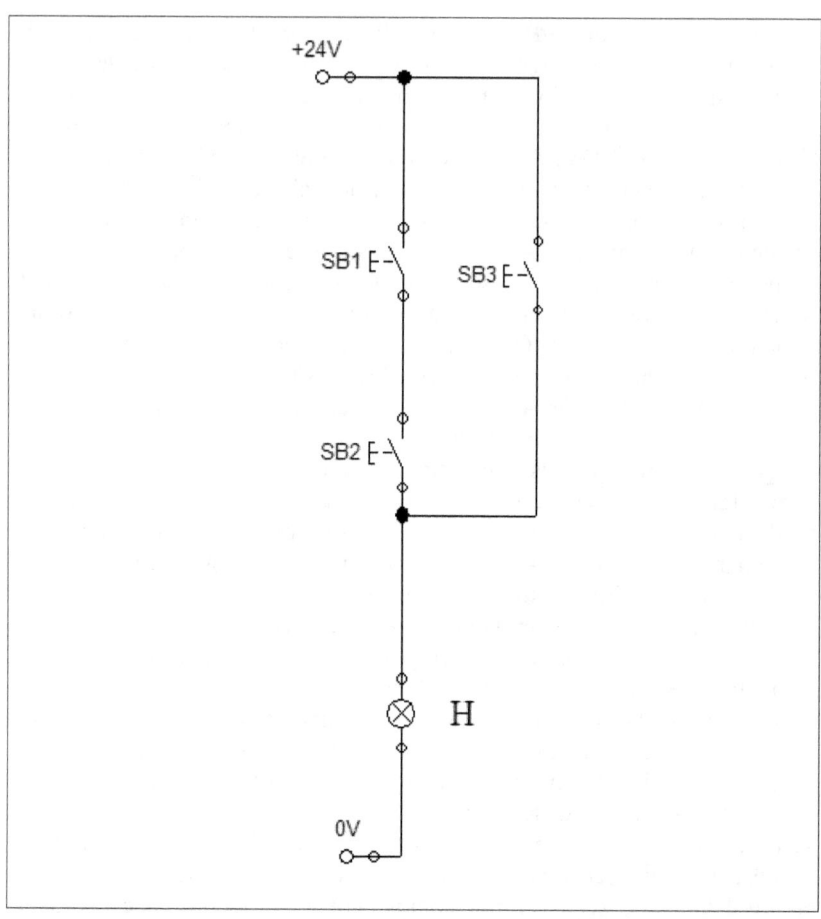

pulsante	E-\ $\overset{\phi}{\underset{\phi}{\big\backslash}}$ SB
lampada di segnalazione	$\overset{\phi}{\underset{\phi}{\otimes}}$ H

153

A conclusione della presentazione dei tipi di schemi per l'impianto elettrico in sede civile non ci resta che parlare dello schema di montaggio. In esso i componenti vengono raffigurati nelle loro parti salienti ovvero con i loro morsetti nei quali fisseremo, grazie alle viti ad esempio, i cavi spellati. Presentiamo lo schema di montaggio riferito allo schema funzionale appena descritto.

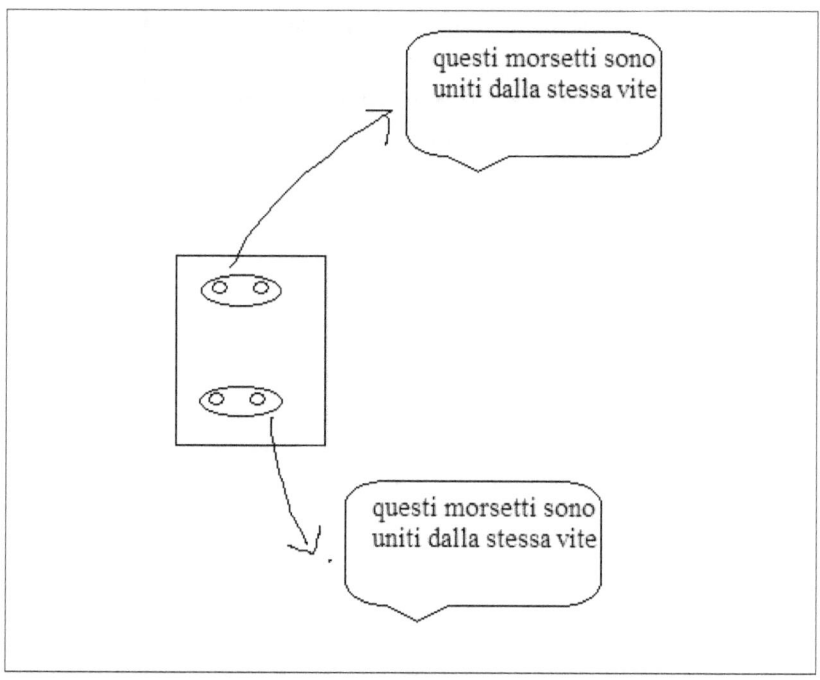

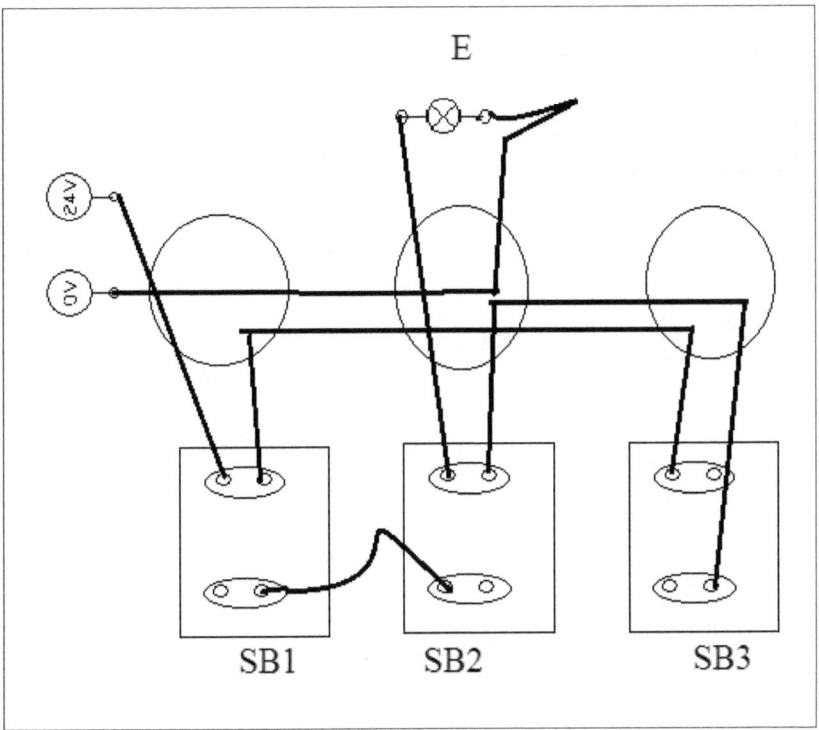

Lo schema mostra "il retro" dei frutti (nel nostro caso i tre pulsanti) e come sono inseriti i diversi cavi che li collegano tra loro attraverso le cassette di derivazione (sono indicate nello schema con dei circoli).

Esercizio 1

Realizza l'impianto di cui sono forniti lo schema funzionale e quello di montaggio. Si tratta di un ronzatore comandato da un pulsante: il ronzatore si attiva premendo il pulsante e si disattiva al suo rilascio.
Per completare l'impianto in laboratorio ti saranno necessari cacciaviti da 3 e 5mm, forbici da elettricista e un multimetro (per individuare eventuali anomalie).

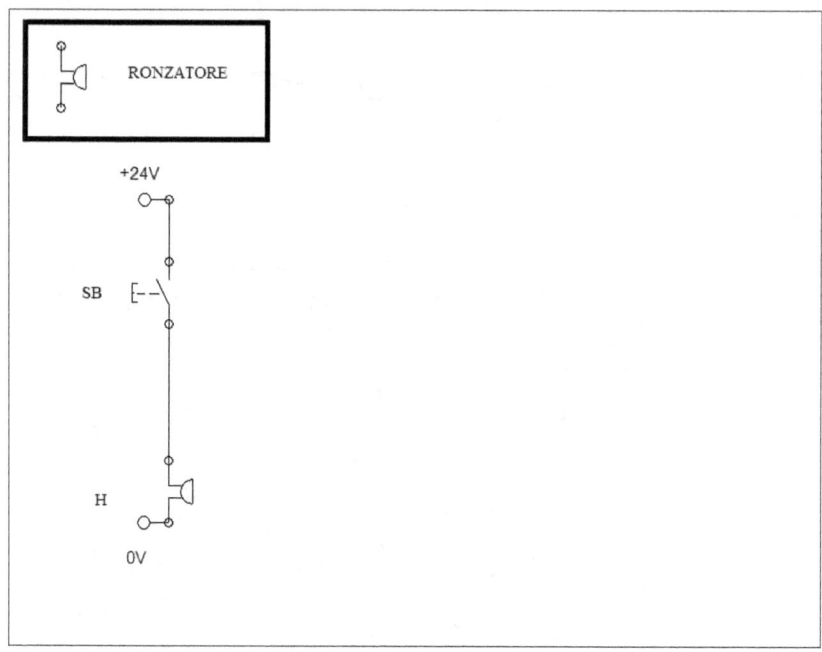

RONZATORE

+24V

SB

H

0V

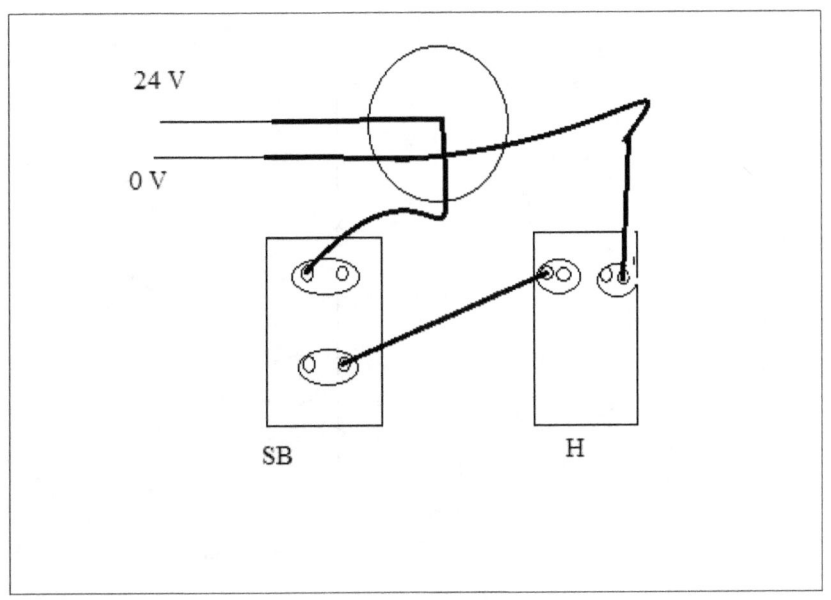

Esercizio 2

Realizza una variante dell'impianto precedente. Come si attiva in questo caso il ronzatore?

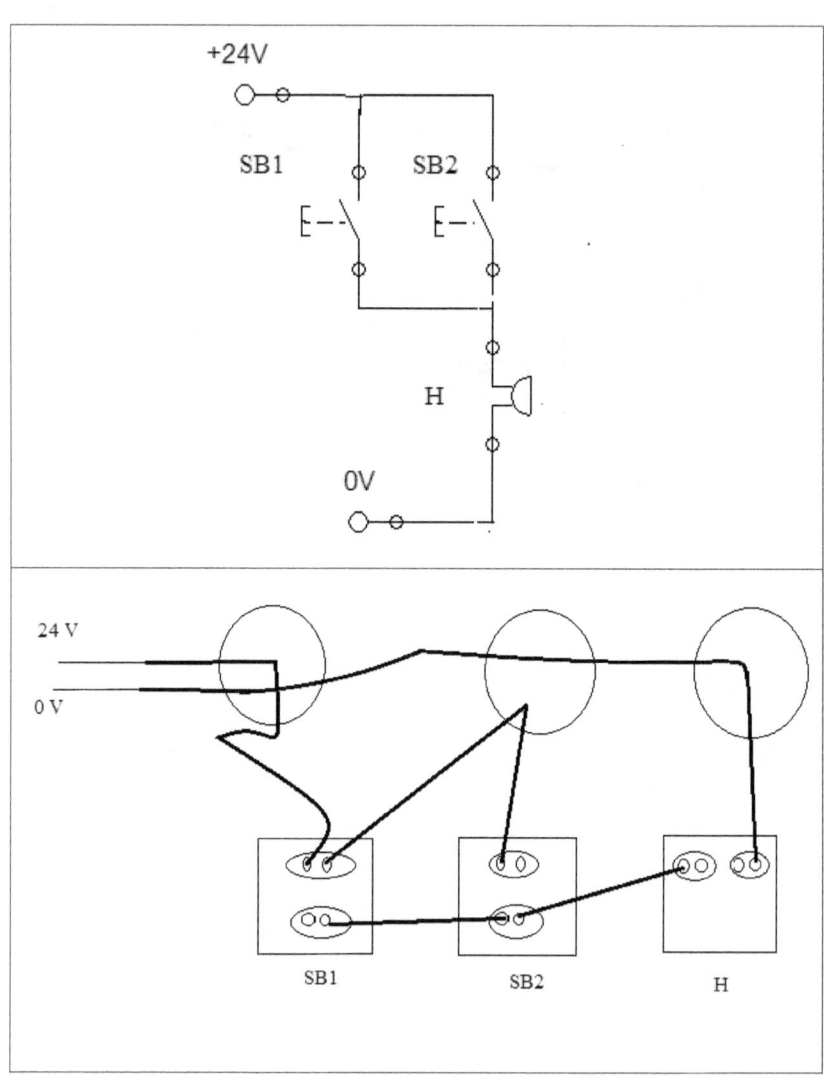

Esercizio 3

Realizza questa ulteriore variante dei due precedenti impianti. Disegna anche lo schema di montaggio.

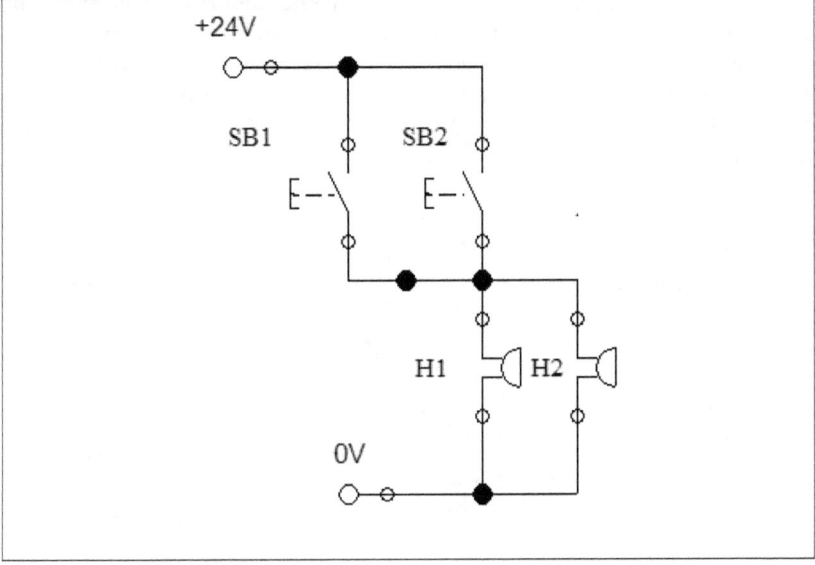

COMANDARE DA UN PUNTO

Il comando da un punto viene ottenuto tramite l'*interruttore il* dispositivo, noto a tutti, che ha il compito di stabilire e interrompere la corrente di un conduttore un numero indefinito di volte. Nelle abitazioni è installato un interruttore, solitamente vicino al punto luce stesso, per comandare la lampada posta sopra ad uno specchio, o in un piccolo disimpegno.

Le immagini sottostanti ne mostrano il simbolo. E' proposto lo schema funzionale che vede il comando da un *unico punto* di una lampada e di una soneria.

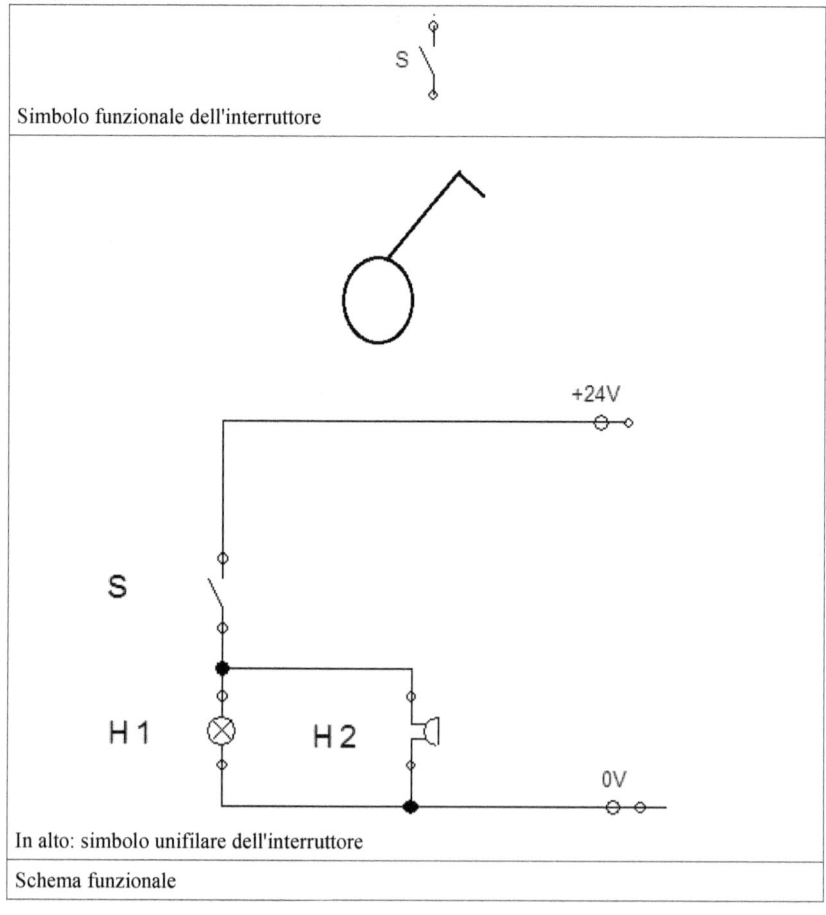

Simbolo funzionale dell'interruttore

In alto: simbolo unifilare dell'interruttore

Schema funzionale

160

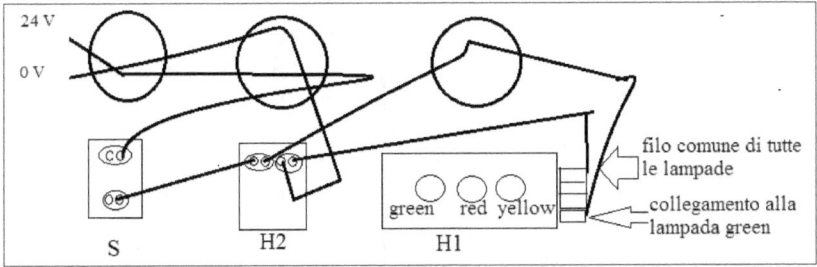

Alla pagina seguente è mostrato lo schema di montaggio. La lampada H1 è inserita in un blocco da quadro industriale insieme ad altre 4. Tale blocco è collegato a morsettiera in cui è presente il *comune* di tutte le lampade.
Esso andrà collegato al polo 0 V a prescindere da quante o quali lampade vorremo attivare consentendoci di ridurre il numero dei cavi.

COMANDARE DA DUE PUNTI

Il comando da due punti viene ottenuto tramite due *deviatori*.
Il deviatore di fatto "devia" la corrente del conduttore 2 (detto comune) dal conduttore 1 al conduttore 3. Se nelle vostre abitazioni è presente un lampadario che potete accendere e spegnere da due punti della casa con ogni probabilità ciò avverrà grazie a due distinti deviatori che una volta installati hanno un aspetto del tutto indistinguibile dagli interruttori ma hanno un funzionamento nettamente differente. I profani sono soliti chiamarli interruttori ma la loro denominazione corretta è deviatori. Essi hanno 3 poli che sono evidenziati anche nei simboli sottostanti.

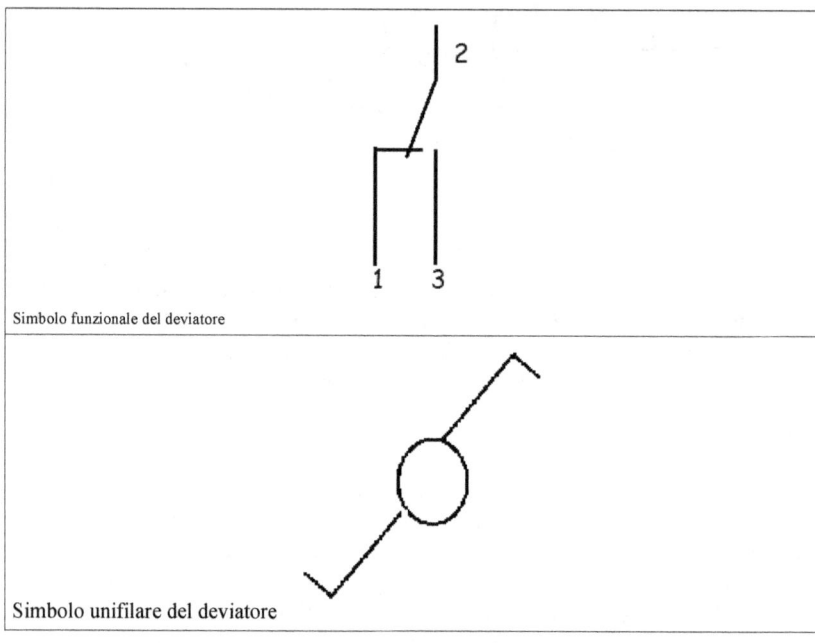

Simbolo funzionale del deviatore

Simbolo unifilare del deviatore

Alla pagina seguente è proposto lo schema funzionale che vede il comando da due punti di una lampada alimentata a 230 V in alternata.
Nel rispetto della normativa CEI nel montaggio dovremo rispettare i seguenti colori per i cavi:
nero o marrone o grigio per il conduttore di fase L1
blu per il conduttore di neutro N
giallo-verde per il conduttore di protezione PE.

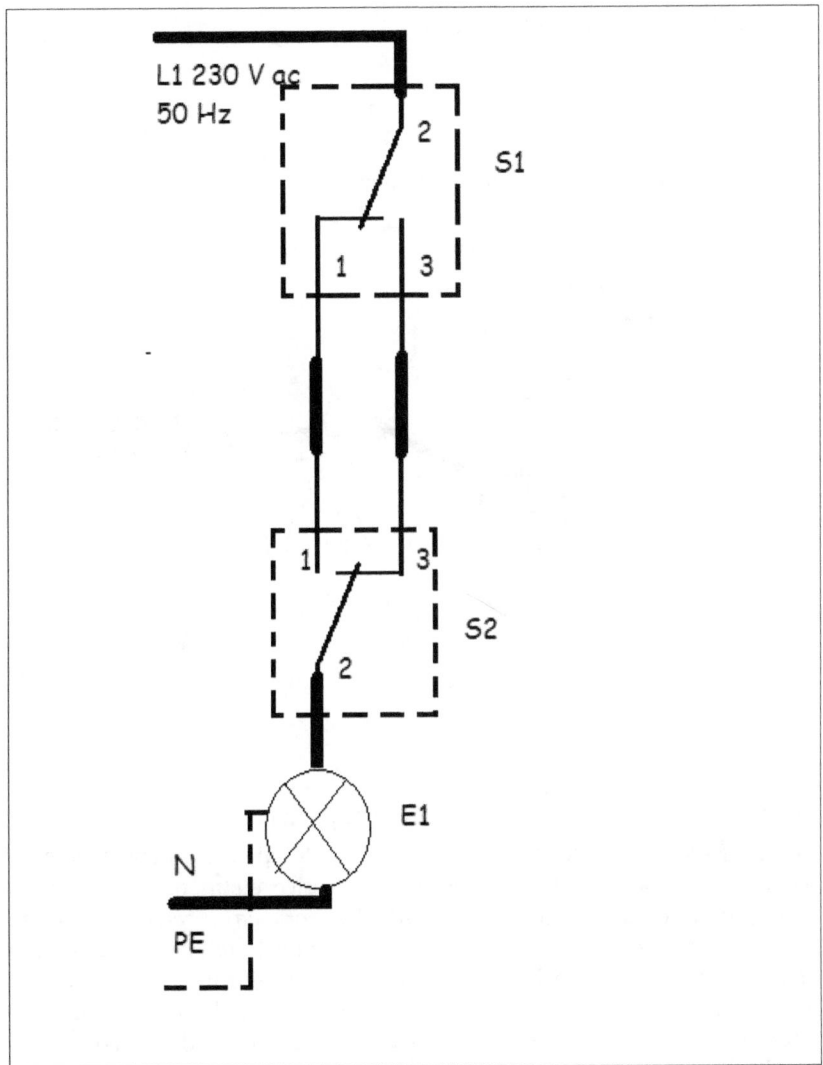

Secondo te nella posizione di S1 ed S2 la lampada E1 sarà accesa oppure spenta?
E' spenta!! La continuità elettrica si interrompe nel morsetto 1 di S2.
Se ad esempio azioniamo S2 il suo morsetto comune 2 devierà sul morsetto 1 creando dunque un "ponte" e realizzando la continuità elettrica verso la

lampada E1 che dunque si accenderà.

Esercizio 4

Realizza l'impianto il cui schema di montaggio è mostrato qui sotto:

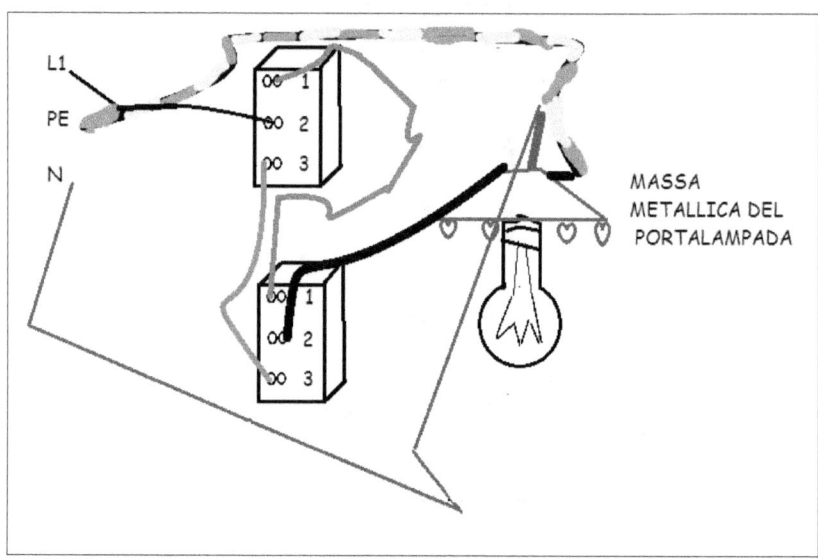

COMANDARE DA TRE PUNTI CON L'INVERTITORE

Se necessitiamo, ad esempio in una stanza molto grande, di comandare un punto luce, una presa o un qualsiasi altro carico elettrico da almeno **tre** punti allora possiamo usare *oltre ai deviatori* un *invertitore.* Questo dispositivo dotato di 4 morsetti quando viene azionato *inverte* le due linee in entrata con le due linee in uscita. Anche l'invertitore una volta installato nell'impianto ha un aspetto del detto indistinguibile da deviatore e interruttore. Di seguito sono riportati i simboli dell'invertitore e uno schema funzionale che vede una lampada comandata da 3 punti tramite due deviatori e un invertitore. Il contatto comune (n. 2) del primo deviatore va collegato al conduttore di fase L1, il contatto comune (n. 2) del secondo deviatore va collegato al carico (nel nostro esempio alla lampada). L'invertitore è frapposto ai due deviatori.

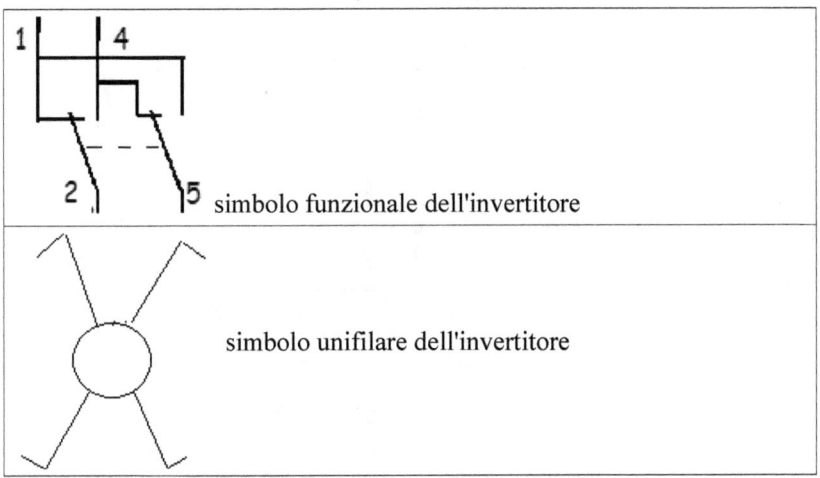

simbolo funzionale dell'invertitore

simbolo unifilare dell'invertitore

165

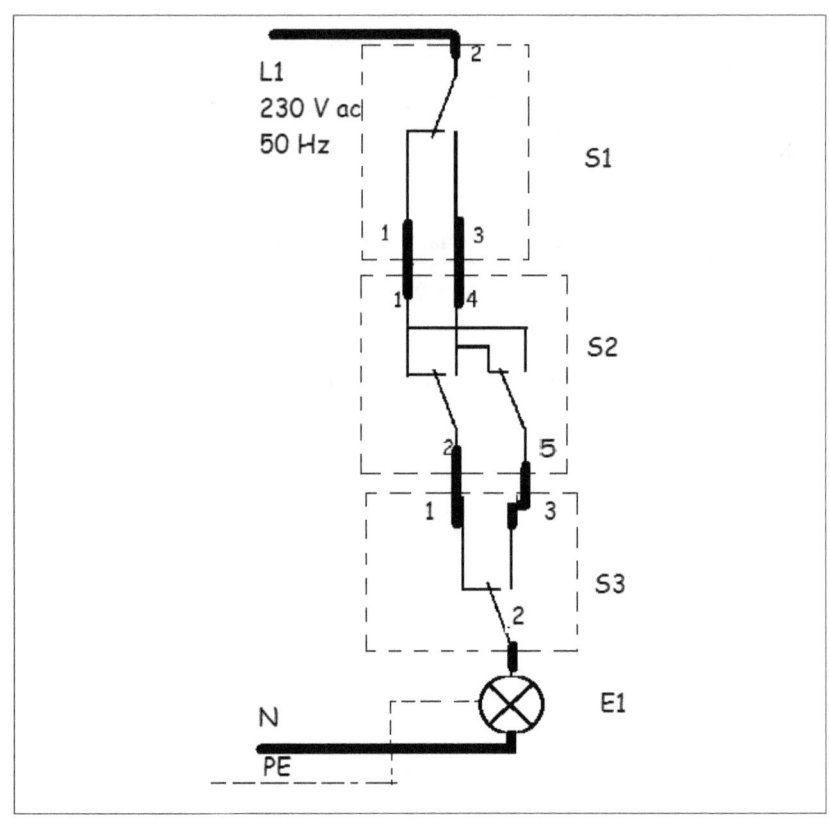

Esercizio 5

Realizza l'impianto il cui schema di montaggio nel seguito:

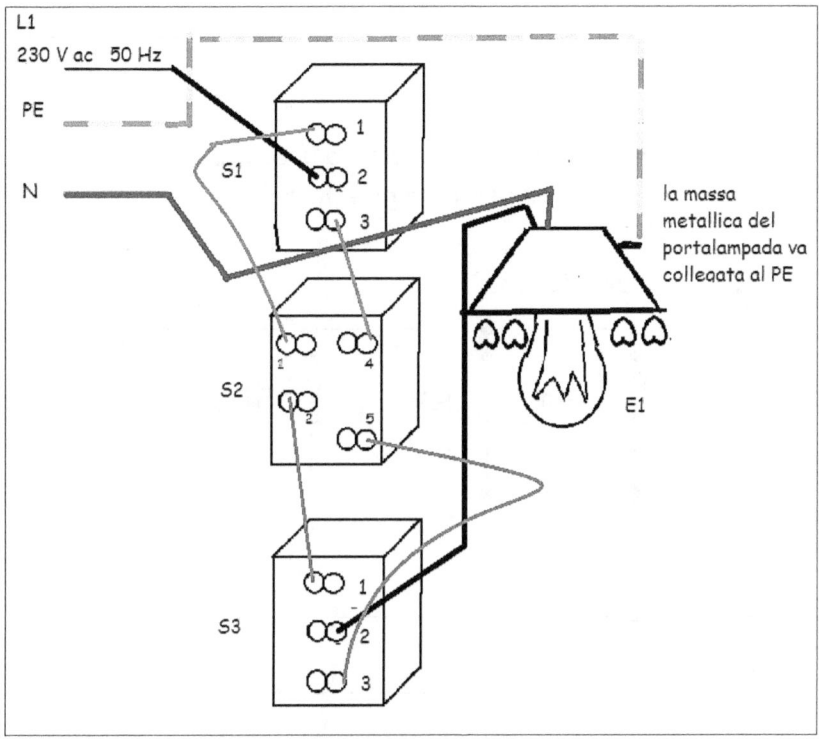

COMANDO A PIÙ PUNTI CON RELÈ INTERRUTTORE

Se dobbiamo attivare e disattivare un carico elettrico da molteplici punti con un cablaggio molto semplice da realizzare allora possiamo scegliere un relè interruttore la cui bobina K riceverà la tensione di lavoro tramite uno qualunque degli N pulsanti connessi in parallelo ove N è il numero dei punti di comando; il contatto K commuterà (aprendosi o chiudendosi) ogni volta che verrà premuto un pulsante. Si pensi, ad esempio, all'illuminazione del lunghissimo corridoio di un hotel: disporremo gli N pulsanti lungo il corridoio vicino alle porte che vi si affacciano e un relè comanderà accensione e spegnimento delle lampade. L'unico inconveniente del relè interruttore è il rumore seppur minimo che viene prodotto ad ogni commutazione. L'immagine sottostante mostra i simboli della bobina e del contatto del relè e, a titolo esemplificativo, lo schema funzionale di un punto luce comandato a 3 punti.

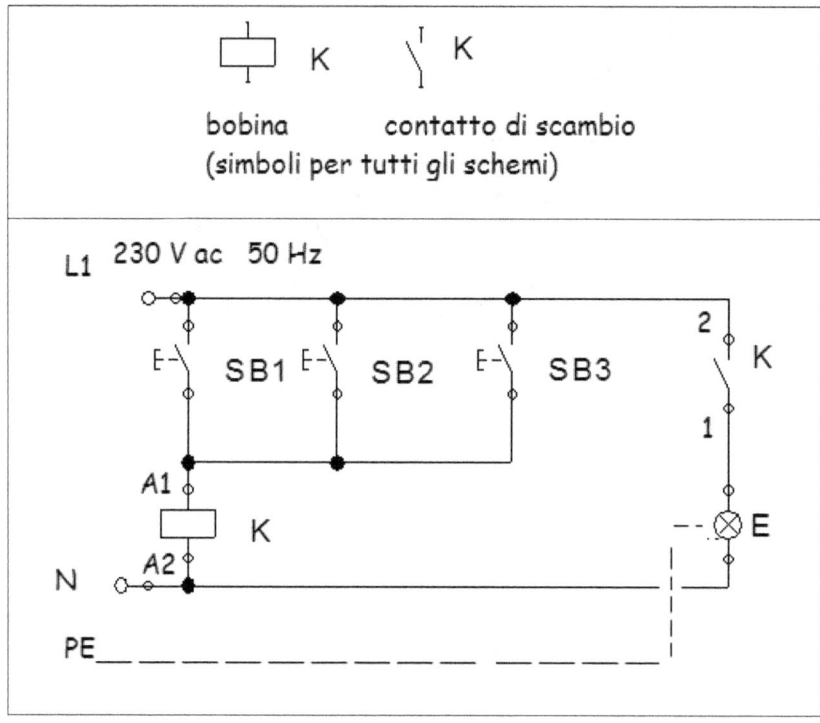

Esercizio 6

Realizza l'impianto il cui schema di montaggio è mostrato alla pagina seguente. *Il relè ha quattro morsetti*: A1 e A2 identificano i terminali della bobina mentre 2 e 1 il contatto in uscita. Nota nello schema che nel punto A2 della morsettiera del relè sono presenti due conduttori: uno è collegato al neutro mentre l'altro alla lampada.

Diversi produttori di relè identificano in modo differente i 4 terminali ed è sempre bene controllare i simboli serigrafati sull'involucro del relè stesso che consentono di distinguere i diversi morsetti.

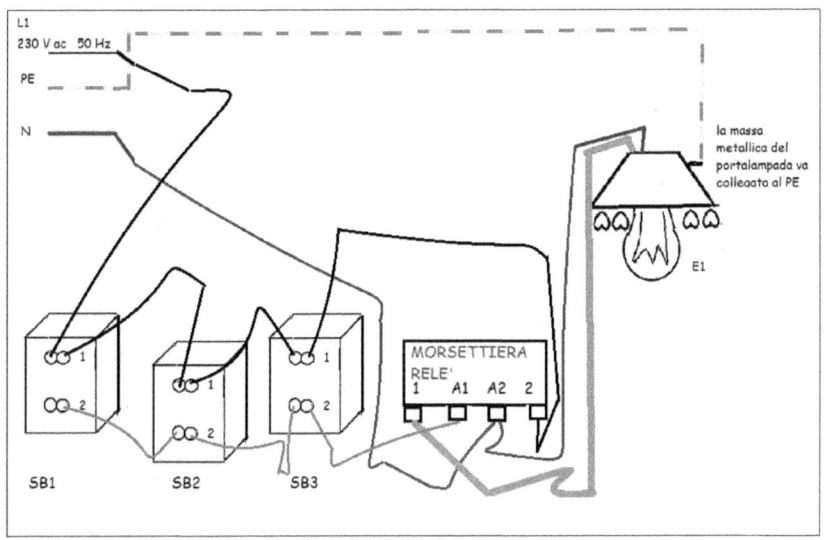

Esercizio 7

Realizza l'impianto il cui schema di montaggio è mostrato alla pagina seguente (*immagine c*). *Il relè ha tre morsetti*: P, C e L (*immagine a*)).
C è il morsetto comune al contatto di uscita e alla bobina. Per comprendere il funzionamento dell'impianto del tutto equivalente a quello visto nell'esercizio 6 ripropongo lo schema funzionale della pagina precedente con una piccola modifica (*immagine b* alla pagina seguente)ossia con lo spostamento di posizione tra lampada e contatto del relè che rende evidente come sia possibile "risparmiare" un collegamento nell'esecuzione del montaggio in quanto bobina e contatto si trovano a condividere il collegamento al conduttore di neutro.

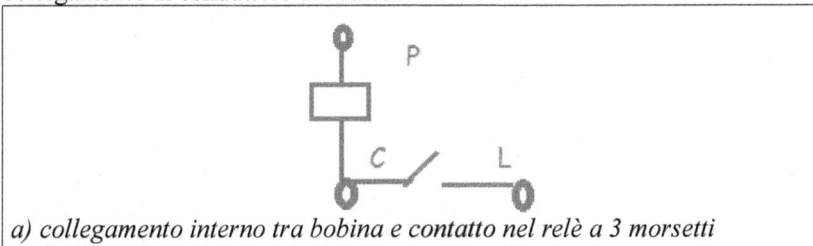

a) collegamento interno tra bobina e contatto nel relè a 3 morsetti

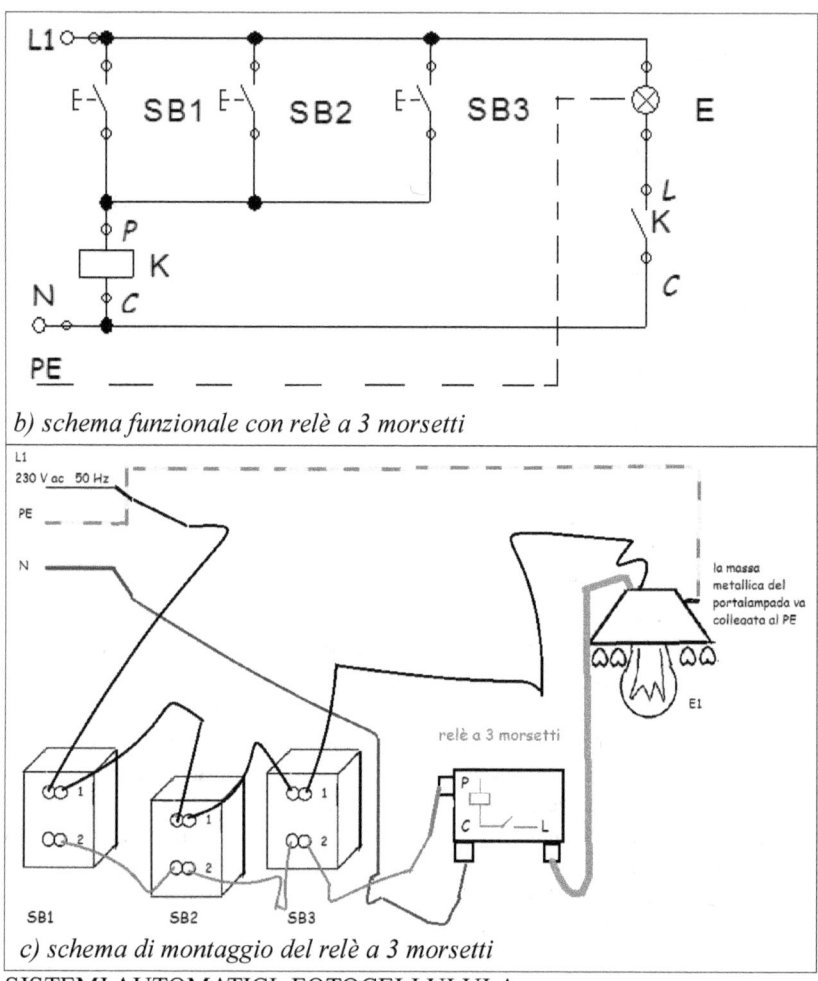

b) schema funzionale con relè a 3 morsetti

c) schema di montaggio del relè a 3 morsetti

SISTEMI AUTOMATICI: FOTOCELLULULA

Negli impianti civili è sempre più diffuso l'uso di trasduttori per realizzare sistemi automatici che aumentino il confort abitativo. La fotocellula solo per fare un esempio è un noto sensore di posizione che alimentata (12 o 24 V) commuta i propri contatti se viene rilevata la posizione di un corpo (oggetto o persona); tale corpo intercetta infatti il fascio infrarosso emesso da un elemento trasmittente e ricevuto da un elemento ricevente. Vediamone un'applicazione: un venditore desidera che si attivi una soneria ogni volta che un cliente varca la soglia del suo negozio. La fotocellula verrà posizionata all'ingresso di esso e in assenza di persone che la intercettino la lampada sarà accesa mentre la soneria sarà spenta; in presenza di una persona la fotocellula si attiverà commutando i propri contatti: il contatto comune COM si "staccherà" dal contatto normalmente chiuso NC e si collegherà invece al contatto normalmente aperto NO. Di conseguenza la suoneria si attiverà richiamando l'attenzione del venditore. La lampada serve soltanto a segnalare la presenza di tensione e dunque il corretto funzionamento del sistema di segnalazione.

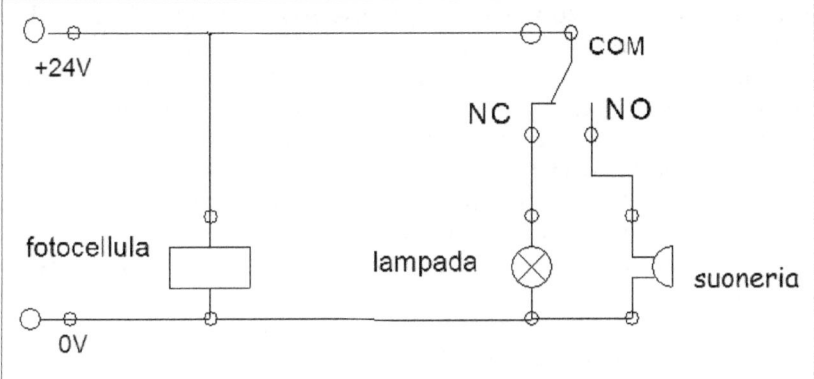

Esercizio 8
Realizza e testa l'impianto con lo schema di montaggio sottoriportato.

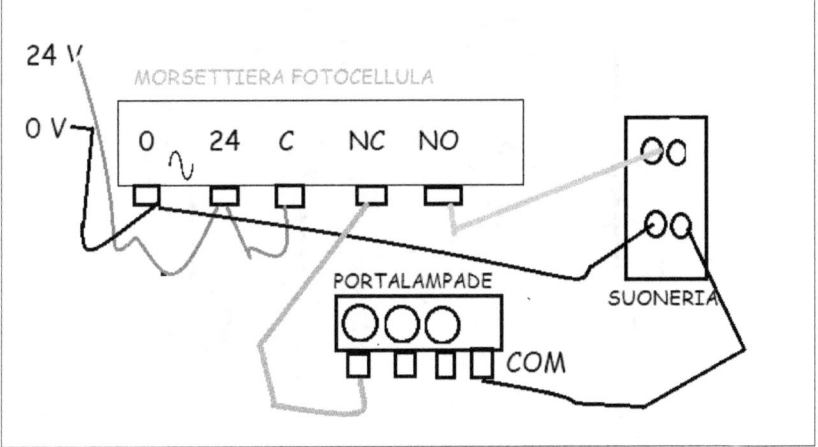

171

RELÈ TEMPORIZZATORE LUCE SCALE

Questo dispositivo , estremamente noto, ci consente l'accensione di un punto luce quando viene premuto uno qualsiasi dei pulsanti collegati in parallelo.

Lo spegnimento del punto luce avviene *automaticamente dopo un tempo* prefissato regolabile.

Vedremo due esempi di montaggio; il primo fa utilizzo di un relè molto semplice che non consente risparmio energetico; il secondo montaggio prevede l'utilizzo di un dispositivo più sofisticato che consente il risparmio energetico tramite la possibilità di *spegnere immediatamente* la lampada e quella di *ritardarne lo spegnimento.*

E' importante sottolineare che i relè temporizzatori vengono commercializzati per la *"luce scale"* ovvero sono pensati per l'alimentazione di rete 230 V e per il collegamento ai pulsanti e al punto luce. In realtà le loro applicazioni sono molteplici e possiamo:

- sostituire o collegare in parallelo ai pulsanti un sensore di posizione (ad esempio il contatto n.o. di una fotocellula;

- sostituire al punto luce un altro carico elettrico (presa comandata ad esempio).

Montaggio con relè Theben Elpa 8

Il costruttore ne suggerisce il tipico montaggio per luce scala stampando sull'involucro stesso del relè uno schema simile a questo:

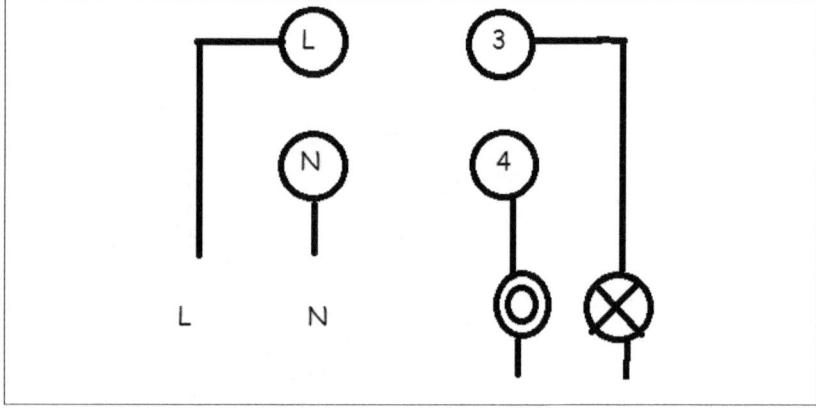

I conduttori di fase (230 V ac 50 Hz) e di neutro vanno collegati rispettivamente ai morsetti L e N del relè; tutti i pulsanti e le lampade vanno invece collegati rispettivamente ai morsetti 4 e 3.
Tutti i pulsanti vanno collegati in parallelo tra loro; anche le lampade disposte lungo il vano scala se si devono accendere e spegnere contemporaneamente vanno ovviamente connesse tra loro in parallelo.

Esercizio 9

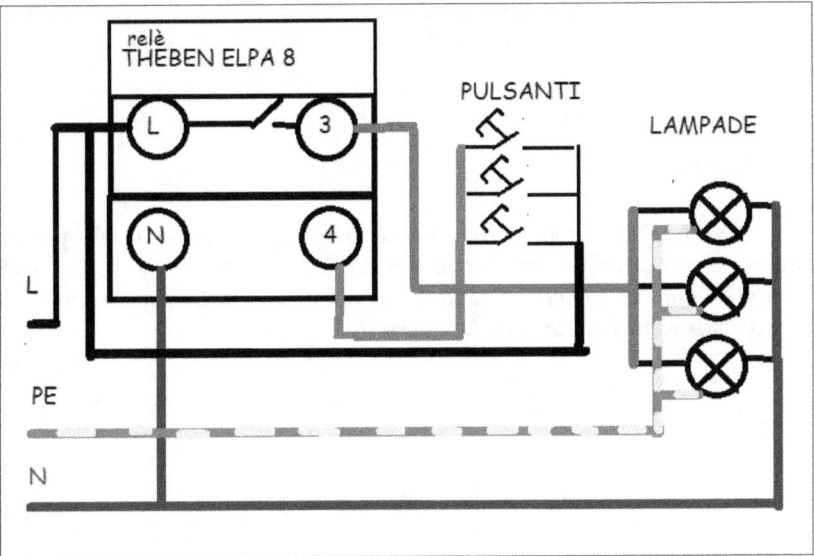

Montaggio con relè Finder 14.018.230.000

Sull'apparecchio oltre al consueto suggerimento di montaggio (vedi esercizio 10) sono presenti due miniswitch che consentono 4 differenti modalità di funzionamento:

Stato *switch 1, switch 2*	Descrizione
ON, ON	*risparmio energetico*: la luce si accende premendo uno qualsiasi dei pulsanti; la luce si spegne

	immediatamente premendo uno qualsiasi dei pulsanti e comunque allo scadere del tempo programmato.
OFF, OFF	*accensione a tempo indeterminato*;
ON, OFF	*interruttore*: viene eliminata la temporizzazione; ciascun pulsante effettivamente si comporta come un interruttore.
OFF, ON	la luce si spegne allo scadere del tempo programmato ; la pressione del pulsante ad un certo istante ritarda lo spegnimento della luce.

Esercizio 10

Realizza l'impianto con lo schema di montaggio riportato alla pagina seguente compatibile con il relè *Finder 14.018.230.000* e il *Legrand BP30076. Questo secondo modello il morsetto n. 3 (quello che va connesso ai pulsanti) viene indicato con la lettera B.*

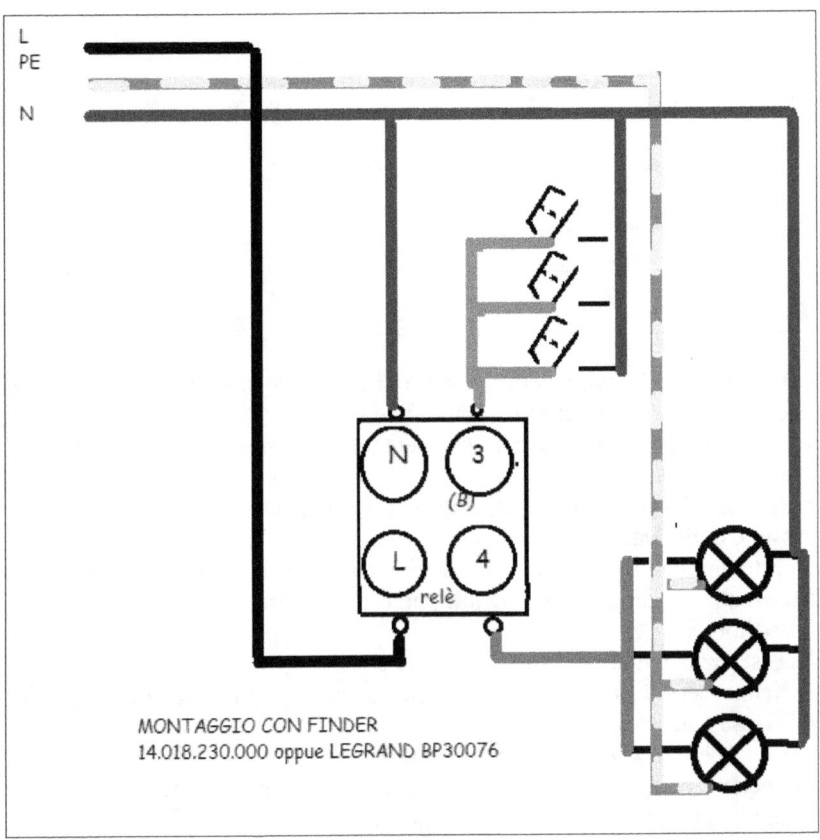

MONTAGGIO CON FINDER
14.018.230.000 oppue LEGRAND BP30076

ESEMPI DI IMPIANTI

Dall'esame della planimetria di una stanza alla pagina seguente stanza si evidenziano:

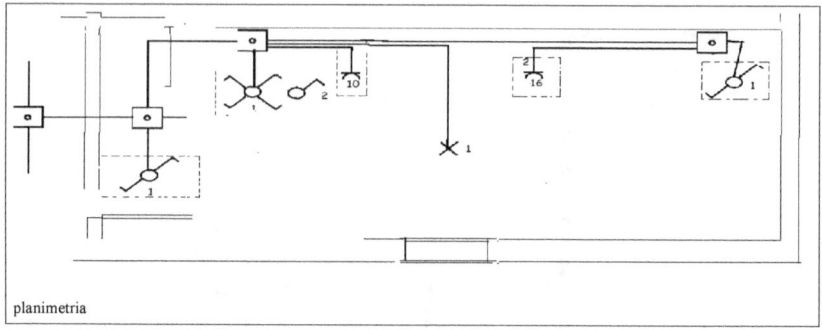

planimetria

- il punto luce 1 invertito posizionato al centro della stanza (sono presenti due deviatori e un invertitore numerati con 1);
- presa 2 da 16 A comandata (è presente un interruttore numerato con 2);
- presa da 10 A;
L'immagine sopra evidenzia anche i collegamenti dei conduttori alle cassette di derivazione.
Questo impianto contiene i dispositivi più diffusi in ambito civile e già analizzati nei paragrafi precedenti: punto luce, presa, interruttore, deviatore, invertitore.
Nell'esecuzione dell'impianto è essenziale:
- riconoscere il polo di *terra* nella presa che è posto al centro tra gli altri due (fase e neutro).
- riconoscere il *polo comune* nel deviatore.
- rispettare i colori dei cavi dei tre conduttori: nero o marrone o grigio per la fase, blu per il neutro e giallo-verde per il PE.
Alla pagina successiva è riportato lo schema funzionale:

176

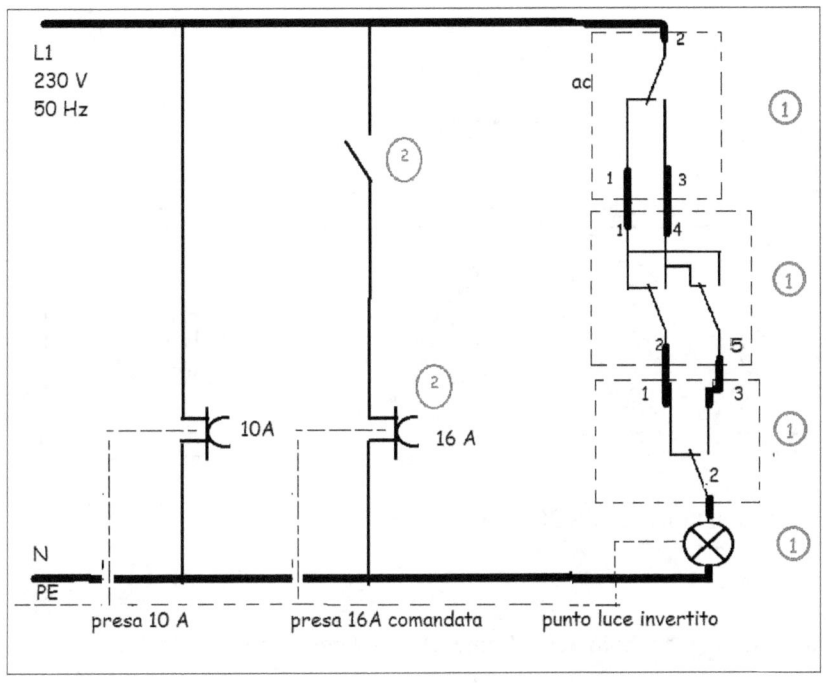

L1
230 V
50 Hz

ac

N

PE

10A

16 A

presa 10 A   presa 16A comandata   punto luce invertito

Esercizio 11

Realizza l'impianto con lo schema di montaggio alla pagina seguente:

177

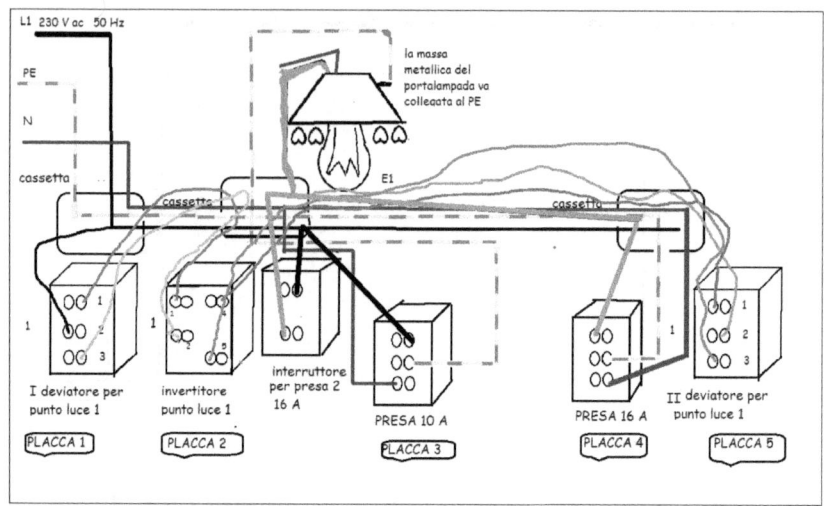

DOMANDE ED ESERCIZI DI RIPASSO

Domande

a) Disegna il simbolo del pulsante per lo schema unifilare :

b) Disegna il simbolo del pulsante per lo schema funzionale:

c) Disegna il simbolo de'interruttore per lo schema unifilare:

d) Disegna il simbolo dell'interruttore per lo schema funzionale:

e) Disegna il simbolo del deviatore per lo schema unifilare:

f) Disegna il simbolo del deviatore per lo schema funzionale:

g) Disegna il simbolo dell'invertitore per lo schema unifilare:

h) Disegna il simbolo dell'invertitore per lo schema funzionale:

i) Disegna il simbolo del ronzatore per lo schema funzionale:

l) Disegna il simbolo della soneria per lo schema funzionale:

m) Quali dispositivi posseggono **due** morsetti? Sottolineali:
pulsante, invertitore, deviatore, interruttore, ronzatore

n) Quali dispositivi posseggono **tre** morsetti? Sottolineali:
pulsante, invertitore, deviatore, interruttore, ronzatore

Esercizio 12

Completa il testo scrivendo al posto dei puntini uno dei termini o delle
espressioni indicate nell'elenco (puoi anche ripeterli o <u>non</u> utilizzarli!):

179

pulsante, invertitore, deviatori, pulsanti, interruttore, relè interruttore, due,
tre, quattro, monostabile, bistabile, giallo-verde, blu, grigio, marrone, nero.

Pulsante e interruttore hanno entrambi n.................morsetti; il pulsante è
dispositivo.....................poichè una volta rilasciato ritorna, grazie all'azione
di una molla, nella posizione iniziale; l'interruttore invece è un
dispositivo .... perchè può mantenere indefinitamente la
posizione aperta oppure quella chiusa; comandare un punto luce da 3 punti
sono necessari un.............e due ....; in alternativa devo
utilizzare tre...............e un.........................; quest'ultimo
può avere.n,..............oppure.n.................morsetti; per la tensione di rete
italiana 230 V in alternata e frequenza 50 Hz deve essere scelto il
colore.................per il conduttore di neutro, il colore....................per
il PE e i colori...................oppure....................oppure....................per
la fase.

Esercizio 13
Risolvi il cruciverba .

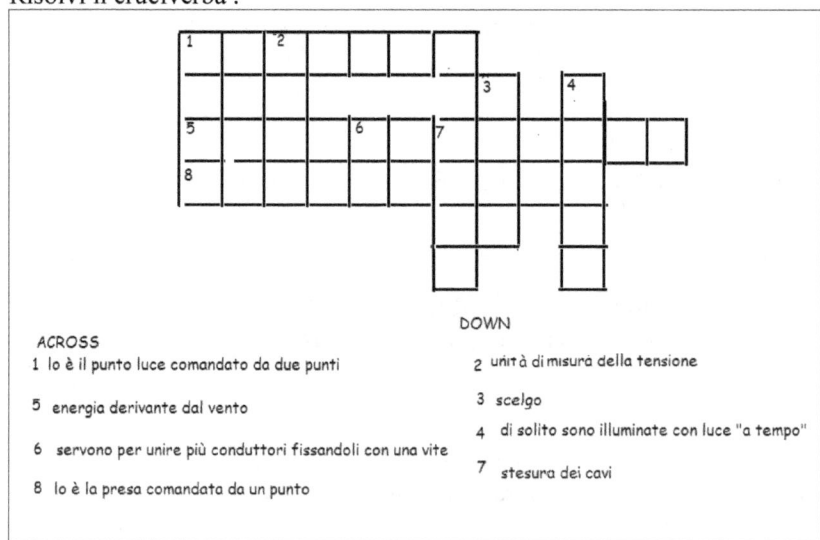

ACROSS
1 lo è il punto luce comandato da due punti

5 energia derivante dal vento

6 servono per unire più conduttori fissandoli con una vite

8 lo è la presa comandata da un punto

DOWN
2 unità di misura della tensione

3 scelgo

4 di solito sono illuminate con luce "a tempo"

7 stesura dei cavi

www.ingramcontent.com/pod-product-compliance
Lightning Source LLC
Chambersburg PA
CBHW071427180526
45170CB00001B/254